这个哲学家救了我

Massimo Pigliucci

A Field Guide to A Happy Life

53 Brief Lessons For Living

爱比克泰德的人生哲学

[意] 马西莫·匹格里奇 著

向朝明 译

上海社会科学院出版社
SHANGHAI ACADEMY OF SOCIAL SCIENCES PRESS

献给我的妻子珍妮弗,她的爱与支持带给我幸福。

目录

CONTENTS

第一部分
信奉爱比克泰德的智慧

1.1 爱比克泰德与我 / 2

1.2 如何使用这本书 / 14

1.3 斯多葛哲学入门 / 17

1.4 爱比克泰德哲学入门 / 24

第二部分
人生哲学指南

2.1 把事情弄清楚:学到最重要、最实用的智慧 / 41

    1 集中精力在你能决定的事情上 / 42

2.2 欲望及厌恶训练：重新定位可能已被误导的欲望

和厌恶 / 47

2　重新调整你的优先事项 / 48

3　你自以为所拥有的一切就是你的吗 / 50

4　如何应对可能发生的状况 / 52

5　困扰你的不是事情本身

而是你对事情的判断 / 54

6　什么是属于你的东西 / 56

7　立刻开始真正的生活 / 58

8　事事如你所愿 / 60

9　你的意志永远是自由的 / 61

10　找到内在的能力 / 62

11　像旅人一样度过此生 / 63

12　从小事开始练习保持内心平静 / 65

13　你能接受别人说你愚蠢吗 / 67

14 只渴望由你决定的东西 / 69

15 一个关于如何生活的比喻 / 71

16 事实有多可怕取决于个人的判断 / 73

17 打好别人眼里的一手烂牌 / 75

18 不要迷信 / 77

19 获取自由的方法 / 78

20 让自己和别人的印象之间保持距离 / 80

21 时常冥想逆境 / 81

22 真心信奉哲学生活 / 82

23 不要把追求外在作为主要目标 / 83

24 当你感到名誉扫地时 / 84

25 获得邀请是有代价的 / 87

26 思考自己的反应 / 89

27 世界本来如此 / 91

28 你的思想被人操纵,你会感到不安吗 / 92

29 在确定目标前,衡量自己的本性和意向 / 93

2.3 行为训练：你将为公正对待他人做好准备 / 97

30　最应该关心自己的责任 / 98

31　你是宇宙因果中微小但不可或缺的部分 / 100

32　如何看待预测 / 103

33　你必须决定自己是什么样的人 / 105

34　抵制表象，战胜欲望 / 110

35　做你认定正确的事情 / 111

36　平衡自己与他人的需求 / 112

37　选择角色 / 114

38　切勿对思想的力量漫不经心　115

39　衡量尺度 / 116

40　对任何人的歧视都不合理 / 117

41　适可而止 / 118

2.4 好好思考的训练：提高对人和事的判断能力 / 119

42　如果有人说你坏话 / 120

43　两个把手 / 122

44　一些没有逻辑意义的世俗观念 / 124

45　没有充足的信息就无法进行判断 / 125

2.5 好好生活的训练：为实践生活的艺术做好准备 / 127

46　千万不要以为自己睿智、开明 / 128

47　练习成为优秀的人 / 130

48　践行生活艺术 / 132

49　智慧需要日复一日的练习 / 134

50　这些原则不只是记住，而是每日遵循 / 136

51　行动起来，做该做的事情 / 137

52　实践哲学的三个领域 / 139

2.6 聆听大师的教导 / 141

　　53 爱比克泰德的四条建议 / 142

第三部分
斯多葛哲学 2.0

3.1 斯多葛哲学的更新 / 146

3.2 为什么我会以创新的方式向新一代介绍
　　爱比克泰德的智慧 / 176

附录 1　《手册》与《人生哲学指南》概念差异
　　　　对照表 / 182

附录 2　爱比克泰德以及古今斯多葛哲学论著书目 / 190

致　谢 / 200

注　释 / 202

译后记 / 217

第一部分

信奉爱比克泰德的智慧

1.1

爱比克泰德与我

2014年秋天,因为一个瞬间,我的生活得到了拯救,从此渐入佳境。[1] 至少,从那时起,重要且影响积极的变化延续至今。起因是我第一次读到了自己从未听说的哲学家爱比克泰德(Epictetus)的作品,尽管大约在过去的18个世纪,他早已家喻户晓。这个瞬间源自他的这句话:

> 我必须死。如果是现在,那么我即刻

就死；如果可以晚点，既然午餐时间已到，我就先吃饭——然后我晚点去死。[2]

我心头为之一振。这个生活在公元1~2世纪的人到底是谁？他所说的以上两句话，蕴含了令人愉悦的幽默感，以及对生与死的严肃态度。我对他知之甚少，甚至不晓得他的真名是什么。"Epíktetos"（ἐπίκτητος）在希腊语中的意思是"获得的""买来的"，他是一个奴隶，公元55年左右出生于希拉波利斯（现在的帕穆克卡莱，也叫棉花堡，位于土耳其西部）。尼禄皇帝的秘书以巴弗狄托斯（Epaphroditos），这位有钱的自由人将他买作奴隶。

移居罗马后不久，爱比克泰德开始跟随当时最有声望的老师穆索尼乌斯·鲁弗斯（Musonius Rufus）学习斯多葛哲学。后来，他的腿被主人弄残，在这个人生的关键时刻，哲学给了他很大帮助。奥利金（Origen）讲述了爱比克泰德的回应方式：

> 当主人扭扯他的腿时，爱比克泰德面带微笑，泰然自若，他说："你会扭断我的腿。"当他的腿被扭断后，他又说："我不是告诉过你它会断的吗？"[3]

最终，爱比克泰德获得了自由，开始在罗马教授哲学。起初，授课进展并不顺利。他给一个学生讲过他在罗马街头讲述哲学时的境遇：

> 你会面临这样的风险：有人说"这关你什么事，先生，你是我的什么人？"假如你再缠着他继续讨论，他就会一拳打在

你鼻子上。我也曾热衷于街头讨论，直到遭受了这样的对待。[4]

显然，不止街上的人们讨厌他的哲学。像他之前和之后的许多斯多葛派一样，爱比克泰德常常对当权者直言不讳。因此，公元93年，图密善皇帝决定将他流放。但他毫不气馁，最后在希腊西北部的尼科波利斯建立了一所学校，后来成为整个地中海地区最著名的哲学学校。哈德良皇帝巡视罗马帝国疆域时还特意拜访过他，向这位著名的老师致以敬意。

就像自己的榜样苏格拉底一样，爱比克泰德没有留下任何文字，他专注于教学，以及与学生交谈。值得庆幸的是，他有一个学生是尼科美底亚的阿里安（Arrian Nicomedia）——凭借个人努力先后成为公务员、军事指挥官、历史学家和哲学家。爱比克泰德仅有两套讲义流传下来，其中的主要内容都来自这位学生的笔记，后来收录在四卷《论说集》(*Discourses*，不幸的是，其中一半丢失了)，以及一本简短的名为《手册》(*Enchiridion*)的小册子中。

爱比克泰德一生未婚，生活简朴，拥有的财产极少。他在晚年收养了朋友遗弃的一个孩子，在一个女人的帮助下将其抚养长大。他于公元135年左右去世，享年约80岁——在当时的条件下，甚至任何时候来说，这显然都是了不起的年龄。[5]

回过头，我继续谈阅读爱比克泰德带来的直击灵魂的震撼。为何我从来没有读过他的作品？甚至从来没有听说过他的名字？我熟知其他主要斯多葛派哲学家，特别是塞涅卡和马可·奥勒留，但是我从未见过爱比克泰德的作品，甚至在我整个哲学研究生学习期间都没留意过他的名字。在现代专业哲学家眼中，爱比克泰德可能早已黯然失色，因为他们经常只顾逻辑上的钻研，对细节吹毛求疵，但对这位来自希拉波利斯的圣人根本不屑一顾。[6] 然而事实上，几个世纪以来，他的影响力经久未衰，并且还在持续扩大。

爱比克泰德的著作和教义，尤其是他的《手册》，影响了罗马的最后一位斯多葛派皇帝马可·奥勒留。中世纪的基督徒翻译并更新了《手册》，其内容逐渐成为修道院僧侣的精神指南。1479 年，安杰洛·波利齐亚诺（Angelo Poliziano）把《手册》翻译成了拉丁文，还将首次印刷版本献给了佛罗伦萨的美第奇家族。可以说，这本书在 1550～1750 年，即文艺复兴和启蒙运动之间，达到了流行的巅峰。詹姆斯·桑福德（James Sandford）于 1567 年完成了此书的第一个英文译本（根据法文版本翻译）。耶稣会传教士利玛窦（Matteo Ricci）于17世纪初将其译成中文。1638年，约翰·哈佛（John Harvard）将一份副本遗赠给了他新成立的学院，亚当·斯密、本杰明·富兰克林和托马斯·杰斐逊的私人图书馆里也都有一本。

在历史上，很多作品都曾引用过爱比克泰德《手册》中的文字。莎士比亚的《哈姆雷特》中有这样一句话："世上本无好坏之分，惟思想使然。"（第二幕第二场），这句话是对《手册》的一小段释义。在弗朗索瓦·拉伯雷（François Rabelais）的《巨人传》（*Pantagruel*），劳伦斯·斯特恩（Laurence Sterne）的《项狄传》（*The Life and Opinions of Tristram Shandy, Gentleman*），詹姆斯·乔伊斯（James Joyce）的《一个青年艺术家的画像》（*A Portrait of the Artist as a Young Man*）中，都提到过爱比克泰德的思想，约翰·弥尔顿（John Milton）也曾在作品中改述他的话语。

最近，大卫·马梅（David Mamet）和威廉·H.梅西（William H. Macy）提出了一种名为"实用美学"的表演方法，他们将爱比克泰德列为灵感来源之一。阿尔伯特·埃利斯（Albert Ellis）也是如此，他是理性情绪行为疗法的创始人，认知行为疗法的先驱，认知行为疗法被公认为当代最成功的实证心理疗法。

1998年，汤姆·沃尔夫（Tom Wolfe）在小说《完美的人》（*A Man in Full*）中塑造了这样一个角色：主人公（在狱中）因阅读《手册》而发生了巨大的转变。詹姆斯·邦德·斯托克代尔（James Bond Stockdale）是一名美国战斗机飞行员，曾在越南服役时被俘，获释后得到了荣誉勋章，1992年他曾竞选美国副总统，他在回忆录中讲述到，在臭名昭著的"河内希尔顿"经历了多年监禁、折磨和单独关押之后，最终是爱比克泰德的思想挽救了他的生命。

你听说过《宁静祷文》（Serenity Prayer）吗？作者是20世纪美国神学家莱因霍尔德·尼布尔（Reinhold Niebuhr），该祈祷文后来被匿名戒酒协会（Alcoholics Anonymous）的12步疗法普遍采用。具体内容如下：

> 上帝，请赐予我平静，
> 让我接受我无法改变的事情。
> 让我有勇气改变我能改变的事情，
> 让我有智慧来分辨二者的不同。

11世纪的犹太哲学家所罗门·伊本·加比罗尔（Solomon ibn Gabirol）和8世纪的佛教学者寂天（Shantideva）也持有同样的观点。正如我们所知，《宁静祷文》最早的版本来源于《手册》，随后我们会介绍相关内容。

爱比克泰德的学生阿里安（《手册》和《论说集》的作者），曾写信给他的朋友卢修斯·盖利乌斯（Lucius Gellius），他说道：

> 当他（爱比克泰德）演讲时，显然没有别的目的，他只是想让听众的思想朝着最好的方向发展……当爱比克泰德讲话时，听者不由自主就会感受到爱比克泰德想让他领悟的东西。[7]

阿里安所记录、保存的爱比克泰德教义，让这个世界变得更加美好。无数人受益于他的深刻见解，比如宇宙如何运作，如何对待他人。更广泛地来讲，斯多葛哲学几千年来长盛不衰，本身就证明了这种学说的实用性，也证明了斯多葛哲学的引导能够带领我们追求一种有价值的幸福生活。

我敢肯定地说，阿里安力图保留爱比克泰德的话，部分是出于对老师的尊重甚至是崇拜。19个世纪后，正是出于同样的尊重和（间接的）爱戴，我编撰了这本《这个哲学家救了我：爱比克泰德的人生哲学》，尝试更新《手册》的内容，并用它来更新整个斯多葛派的思想体系。我期望更多人可以从这种哲学思想的力量中受益，让自己的生活变得更好。

有些人可能不同意我提出的更新，这也实属正常，如同古代斯多葛派内部的哲学家们对他们的哲学所包含的部分有不同意见一样。当然，即使是目前更新的版本，最终也会因为人类认知的不断扩展而最终过时，所以需要不断完善。斯多葛派对此早有预见，并一直乐于接纳。

然而，人性本身并没有太大改变，这就是为什么生活在两千年前的人所写的文字，在今天仍能与我们产生如此清晰的共鸣。他们没有智能手机、社交媒体、飞机和核武器。但他们也是像我们今天一样去爱、希望、恐惧、生活和死亡。只要人性不变，只要我们选择以谦卑和智慧为指导，去忍受生活中不可避免的挫折，同时享受生活的众多馈赠，斯多葛哲学仍将是最强有力的工具。

1.2

如何使用这本书

《这个哲学家救了我：爱比克泰德的人生哲学》是一本小册子（*vademecum*）。也就是说，它符合人们想要"随身携带"这一类便携式书籍的悠久传统（拉丁语的直译：*vade* 意思是去；*mecum* 意思是与我同行）。

你现在读到的第一部分，主要是对斯多葛哲学，特别是对爱比克泰德的简要介绍。每当你需要快速复习斯多葛哲学的基本概念时，就请翻阅本章内容。

最关键的部分在中间，即斯多葛哲学的实践指南。你可以在没有任何关于斯多葛哲学、爱比克泰德甚至哲学背景知识的情况下去阅读这些章节。这部分由53个单元组成，对应着爱比克泰德《手册》中的每一个单元。在许多情况下，我写的内容与爱比克泰德的版本并没有什么本质的不同，你看到的只不过是用现代语言呈现出的爱比克泰德的智慧，并使用了更加合理的事例进行说明。

但在其中27个单元（大约是一半）中，我的思想多少与爱比克泰德存在明显的分歧。我立志努力逐步实施我的21世纪斯多葛哲学更新计划，并雄心勃勃地称之为斯多葛哲学2.0。这些分歧单元，也正是爱比克泰德所关注的内容，我只是用了不同的表达方式进行说明。

有哪些不同呢？我将在本书的第三部分，也是最后一部分对这些内容进行讨论。把这一节看作是对现代斯多葛哲学——至少在我的版本中——如何偏离"原始"版本的一个概要总结。同时,我们当然要记住,在过去的几百年甚至几千年里,斯多葛哲学一直在不断地更新和变化。

1.3

斯多葛哲学入门

斯多葛哲学的故事开始于公元前4世纪末，腓尼基商人季蒂昂的芝诺（Zeno of Citium）在海难中不幸失去了一切，然后只身来到雅典。第欧根尼·拉尔修（Diogenes Laertius）在书中告诉了我们接下来发生的事情：

> （芝诺）在从腓尼基到比雷埃夫斯的航行中遭遇海难，船上装载着珍贵的

紫色染料。那一年，芝诺30岁，他来到雅典，坐在一家书店里。当他读到色诺芬（Xenophon）《回忆苏格拉底》（*Memorabilia*）的第二卷时，他兴奋不已，问在哪里可以找到像苏格拉底这样的人。克拉特斯刚好在那一刻出现在书店门口，于是书商指了指克拉特斯，说："跟着那个人。"从那天起，他就成了克拉特斯的学生。[1]

色诺芬的《回忆苏格拉底》是一本介绍苏格拉底生平的书，底比斯的克拉特斯（Crates of Thebes）是一位杰出的犬儒主义哲学家。"犬儒主义"一词在过去的意思与今天不同（就词的本义而言，"斯多葛派"也已不同），表示一种致力于极简主义的生活方式和美德培养的哲学，或者说是旨在追求人的卓越道德品质。芝诺跟随克拉特斯以及其他哲学家一起学习，最终在公元前300年左右，正式开始自己的教学。他特意选择在一个竖立着许多柱子的开放广场授课，具体地点在雅典的主要市场安哥拉附近。这个地方被称为"Stoa Poikile"，即"彩绘柱廊"。由此"斯多葛哲学"一词沿用至今。

芝诺的新哲学教导我们"顺应自然"生活，这并不是说我们应该裸奔到森林里去拥抱大树（尽管这无可厚非），而是应该认真对待人的本性。斯多葛派认为，人类区别于地球上其他生物的最重要特征，就是我们拥有理性的能力（当然这并不意味着我们总是或者经常是理性的），以及我们具有高度的社会性。从这些观察中，他们得出了哲学的基本公理：美好的人类生活，即古人所说的幸福生活，就是运用理性去改善社会生活。

所以说，斯多葛派是世界主义者，认为人类整体亲如兄弟姐妹。与那个时代的大多数其他哲学流派不同，斯多葛派认为女性的智商与男性平等。他们发展出了一门非常实用的生活哲学，有时也被称为"生活的艺术"。

当你把基本美德作为一切行动的道德指南，你便开始像斯多葛派一样思考和行动。生活中有四种基本美德：智慧、勇气、正义和节制。它们的定义如下：

智慧是区分什么是对我们真正有益或有害的知识。斯多葛派认为可以归结为这样的理解：美德或者说优秀的品格是唯一好的东西，恶习或者说品格的缺陷是唯一坏的东西。其他一切——包括大多数人渴望的东西，如健康、财富、名誉等——都是"无关紧要"的，或是"无所谓"的，其意思是它们可能被合理地"选择"或偏爱，但在道德上是中立的。换句话说，富有可能是件好事，但并不能让你成为好人。贫穷可能会让你不舒适，但不会让你成为坏人。反之亦然。

勇气是指面临危险，或者宁愿遭受批评报复，也要采取合乎道德行动的倾向。

正义是指以公平的方式对待他人，以你希望他人对待你的方式对待他人，永远尊重他们作为人的尊严。

节制是做事要有恰当的分寸，既不太少，也不太多。

斯多葛派学说有个关键特征就是四种美德紧紧

相互依存，因为它们代表基本美德的所有方面，我们可以将这种美德简单称为（广义上的）智慧。例如，一个人不可能勇敢但不公正。如果你因为某种错误的原因，鲁莽地面对危险或棘手的状况，你就不是道德上的勇敢，而是自负，或者更糟。

例如，假设你在工作中看到你的老板骚扰一个同事，你应该介入吗？斯多葛派的方法是同时运用四种美德。智慧提醒你，在这种情况下，干预对你的德性有利，而不干预对你的德性不利，所以赞成干预。尽管考虑到老板可能会因此报复你，但勇气要求你挺身而出。正义对你说，如果你不想被骚扰，你就会感激别人的庇护，因此逻辑要求你为别人做同样的事。最后节制提出了回应老板的正确方式：既不要低声说出你的反对意见（太弱），也不要冲上去一拳打在他脸上（太强）。

为了成为更好的人,斯多葛派设计了许多具体的实践练习,[2]从写日记到冥想,再到暂时温和地自我克制。持续有意识地应用这四种美德,会让你在改善德性方面走得更远,并有助于实现斯多葛派所说的人类世界主义。

1.4

爱比克泰德哲学入门

爱比克泰德生活在芝诺之后的几个世纪,他为斯多葛哲学注入了许多创新,包括一种全新的实践方式。这其实不足为奇,因为哲学(甚至是宗教)是不断受到内外挑战的动态思想体系。为了达到顺应时代的实用价值和影响力,所有哲学都会随着时代进行改变和调整。

事实上,在芝诺之后,第三代斯多葛派的代表人物——古代世界最伟大的逻辑学家,索利的克里西普斯（Chrysippus of Soli），对最初的斯多葛哲学做出了许多调整。第欧根尼·拉尔修评论道："没有克里西普斯，就没有斯多葛。"意思是他极大地改变并完善了斯多葛派体系。[1] 在此之前和之后，斯多葛派都受到了伊壁鸠鲁学派和学园派的挑战，并经历了三个主要时期的演变（按照惯例称之为早期、中期和晚期斯多葛）。

爱比克泰德为斯多葛哲学的创新开创了一种复杂的"角色伦理学"，它的理论基础是认真对待我们在生活中所扮演的不同角色：人类在整个社会中的所有角色；自己选择的角色，比如父亲或朋友；以及命运赋予我们的角色，比如作为儿子或女儿。爱比克泰德的角色伦理学是对巴内修（Panaetius，中期斯多葛哲学家，生活在公元前185～前109年）相关概念的继承与发展。

我要重点讨论爱比克泰德哲学的两个关键方法，因为它们是理解和正确使用这本手册的关键：所谓的控制二分法（dichotomy of control），以及斯多葛派实践三原则。[2]

爱比克泰德在《手册》开篇就提出了控制二分法：

> 有些事情在我们的权能之内，而有些则不在。我们权能之内的事情包括意见、动机、欲望、厌恶，总之，是我们自己所做的一切。那些不在我们的权能之内的包括我们的身体、财产、名誉、职务，以及所有不是我们自己做出来的事情。

我们可以将其归结为这样一种观念：我们只负

责自己深思熟虑的判断，认可的观点和价值观，以及是否采取行动的决定，再无其他。根据现代认知科学，人甚至不能控制自己的精神生活，在很大程度上它是自动进行的。其他一切——尤其是健康、财富、名誉等外在因素，我们可以尝试施加一定的影响，但最终的决定混合了他人的行为以及环境因素。正如前面提到的《宁静祷文》，我们得出一个基本理念：我们需要培养智慧，从而能够区分什么在我们的掌控之下，什么不在我们的掌控之下，进而有勇气去解决前者，平静接受后者。

虽然控制二分法并不是爱比克泰德的原创，他却将其发展成了自己的斯多葛哲学的核心思想。与前辈相比，爱比克泰德对控制二分法做了最清晰的阐述，并致力于探索它的影响，同时坚持把它应用到教学中去。塞涅卡的著作中有这一概念的早期版本，他常常把美德（取决于我们）与外在（取决于命运）进行对比。[3] 西塞罗在《论至善和至恶》（*De Finibus Bonorum et Malorum*）中也提到了控制二分法。西塞罗生活在公元前 106～前 43 年之间，他是学园派，不是斯多葛派，但他赞同斯多葛哲学，并从中期斯多葛派学者波赛东尼（Posidonius）那里直接学到了相关的哲学观点。西塞罗提出了以下比喻来正确理解控制二分法，这是我至今见过的最好的说法：

> 比如一个人下定决心，将用矛或箭射中某个点作为自己的实际目的，但他的最终目的，与我们所说的至善相对应，应该是尽其所能直接命中。于是此人得尽一切努力直奔目标。然而，尽管他终于实现了这个

目的,他的"终极目的",应该是与我们所说的至善相对应的生活中的行为举止。而实际射中的那个点,用我们的话说是"值得选择的",而不是"应当追求的"。[4]

仔细想一下,什么在弓箭手的控制之下,什么不在。弓箭手全权负责挑选和使用弓箭,练习射中目标,选择射箭的准确时刻。然而,在那之后,一切都已不在他的控制之下:例如目标是一个敌军士兵,他可能会发现这支箭并立刻跑出射程;或者突然刮起的一阵大风,可能会毁掉最完美的射击。

人们自然会认为这种二分法过于严格。当然,有许多事情介于"可控"和"不可控"之间。现代斯多葛派威廉·欧文(William Irvine)由此提出了"三分法",包含可控、影响和不可控。[5] 在我看来,这个观点是有待商榷的,这样考虑问题最终可能会摧毁斯多葛哲学的基础。让我们来这样分析,正如西塞罗所说,我们所影响的一切,都可以被分解为可控和不可控两个部分:练习射箭属于前者,一阵风属于后者;选择什么时候射出箭的是前者,目标突然机动规避属于后者;如此等等。事实上,当说我们可以"影响"一个结果时,意思恰恰是行动的某些组成部分取决于我们,有些则不是——通过将我们对事物的理解分解成几个部分,我们就可以看到爱比克泰德的观点是正确的。

西塞罗的比喻中最重要的一段是结尾部分:击中目标是被选择的,但不是被渴望的。很明显,弓箭手想要击中目标,这才是要点。同样,我们宁可健康而非生病,宁可富有而非贫穷,等等。但是,由于这些结果并不完全在我们的控制之下——假设我们已经尽了最大努力,来控制自己所能掌控的事情——那么我们的自我价值,就不应该取决于是否达到目标(或健康、富有等)。在生活中,有时我们会赢,有时会输,所以平静接受结果(我们可以去"选择",但我们不"渴望")是需要培养的唯一合理态度。

爱比克泰德哲学的第二个关键方面是"三原则",它本质上可以取代前面讨论的四种美德,作为我们生活的道德指南。具体如下:

欲望(及厌恶)原则

根据斯多葛派的观点,我们倾向于渴望(及厌恶)错误的东西,这是我们不快乐的主要原因。[6] 具体来说,我们渴望眼前熟悉的外在事物,包括健康、财富、名誉等。也就是说,渴望那些事实上最终不受我们控制的东西。同样，我们也不愿失去这样的东西。塞涅卡提醒我们，我们的问题在于时常渴望那些不可控的东西，结果把自己的幸福交到了反复无常的命运手中。

这可不是明智的赌博。更好的做法是将欲望转向我们真正可控的事情，换句话说，就是我们深思熟虑的判断。为什么？因为如果这样做，获得幸福生活的机会就完全取决于我们自己的努力，而不是变幻莫测的命运。我们仍然可以理智地选择健康、富有等，但我们也得接受一个基本现实：不管付出多少努力，有时我们会得到，有时却得不到。即使我们得到了，拥有也只是短暂的，因为一切都处于不断变化中。[7]

该如何着手彻底调整我们的欲望和厌恶？可以通过斯多葛派实践的两个基本步骤，这也是认知行为疗法的灵感来源：经过深思熟虑的理性决定（认知步骤），并在生活中践行改变，旨在使自己习惯于新的思维模式（行为步骤）。例如，每当你面对一项具有挑战性的任务或情况时，养成反思的习惯，并列出清单，第一列是你可控的方面，第二列是不可控的方面。然后，用你可以控制的任务或状况来引导你的关注点、时间和精力。如果需要的话，用一个简短的准则提醒自己，即第二列的因素不由你决定。其他任何事情都是这样，从开车到演奏乐器、健身。随着时间推移，思维方面的努力会起到一定作用：你做得越多，事情就变得越容易。

行动原则

斯多葛派认为，我们显然是属于社会的个体，这是人性的一个基本方面。在极端情况下，我们可以依靠自己生存，但一个人离开与他人的关系，就不可能蓬勃发展。事实上，我们与地球村——全世界所有人的社区——特别是与家人、朋友之间有意义的关系，才是人类幸福的主要源泉。因此，行动原则关注的是学习在世上如何正确行事，无论是对自己还是他人。

当我们在生活中学习如何平衡自己所扮演的各种社会角色时，爱比克泰德的上述角色伦理就可以发挥作用。晚间写哲学日记就是典型的斯多葛派练习，这种方法能够培养反思的习惯，反思我们哪里做错了，哪里做得好，以及哪里需要改进。

爱比克泰德明确告诉我们：在入睡前，你要思量当天所做的每件事——哪里做错了，做了什么或没做什么。那么，就此开始回顾你的行为吧，为你的卑劣而自责，为你的善行而欣喜。[8] 我们要实现认知和践行的双重目标,这样才能成为更好的人,也意味着你会变得更有思想,更有益于整个社会以及人类世界。

认同原则

欲望和行动原则之间有个重要的连接方式:做出正确的判断。所以第三项训练即认同——这是为了提高我们的判断能力——爱比克泰德称之为"选择"(prohairesis)。从某种意义上说,爱比克泰德的《手册》提出,斯多葛派训练的主要目标,就是提高我们做出正确判断的能力。其原因可以追溯到早期斯多葛派。第二任领袖克利安提斯和第三任领袖克里西普斯,都提出了这样一个概念:智慧是正确评估表象的能力。"表象"(impression)是斯多葛派的专业术语,指的是我们最初的感官知觉,或内在的思想感觉。

举个例子，假如此刻我正漫步在罗马古老的街道上，从街道商店的橱窗里我看到了冰激凌，我的第一反应可能是冰激凌非常美味，我想要吃。然而，我的"选择"即刻发挥作用，对这种表象说："等一下，也许事实并不像你想的那样，让我们先考虑一下再行动。"事实上，经过思考，我找到了许多不去商店购买冰激凌的理由：它无益于我的腰围和健康；我正要和妻子共进晚餐，我当然不想破坏胃口。在对表象进行了更仔细的考虑之后，最后我决定放弃购买冰激凌。（然而，我必须坦然承认，有时最初的表象也会胜过我的"选择"。事实证明，我还不是圣人！）

上述事例，正是我们练习完善判断的途径：我们采取的行动与那条著名的广告语正好相反。我们不会"只管去做"（just do it），只要停下来想一想，可能就会发现自己实际上并不需要"去做"。同样，一遍又一遍地贯彻这些步骤，你会做出更好的判断。由此，你会更容易重新调整欲望，以及与他人进行恰当的互动。为了方便学习，我将这三个原则依次列出，但实际上它们总是协同作用的：在生活中你必须同时厘清欲望和厌恶，在现实世界采取行动，并尽可能做出最好的判断。

你将要读到的本书主要内容，是按照爱比克泰德的三个原则来组织的。本书第二部分第 1 节介绍了控制二分法；第 2 ~ 29 节涉及欲望（及厌恶）原则；第 30 ~ 41 节，行动原则；第 42 ~ 45 节，认同原则；第 46 ~ 52 节则更普遍地关注以哲学的方式生活；第 53 节则简要介绍了我最喜欢的爱比克泰德的部分语录。

第二部分

THE
FIELD GUIDE

人生哲学

指 南

2.1

把事情弄清楚：
学到最重要、最实用的智慧

1 集中精力在你能决定的事情上

有些事情完全由你决定,而有些事情则不完全由你决定。当意识到一件事情属于以上某个类别时,你会深感惊讶。完全取决于你的事情,包括审慎的判断、你的观点、目标、认可的价值观,以及是否采取行动的决定——实质上是你经过审慎思考后做出的决定。其他一切都不完全取决于你,特别是你的身体、人际关系、事业、名誉和财富——本质上你可以影响它们,但结果取决于他人。

怎么会这样?不是说他人可以影响你的观点和

判断，而你能够影响自身的身体状态、人际关系吗？是的，这是事实。但最终，对于第一种类别，责任由你承担；第二种类别，责任在别处。他人可能会影响，甚至设法操纵你的观点，或改变你的价值观。但是你的观点和价值观属于你自己。反之，也许你会照顾好自己的身体，但一场事故或疾病可能会使你残疾；也许你爱别人，但别人可能不爱你；也许你在工作中将每件事都做得很好，但还是会被解雇；也许你是个好人，但你的声誉可能会受到恶意谣言的中伤；也许你谨慎理财，但市场可能会崩溃，你的财富可能会化为乌有。

那么，请记住，只有那些完全取决于你的东西，才真正属于你。其他一切都是从宇宙中暂借来的，宇宙可能会随时以任何方式收回。因此，如果在那些最终不由你决定的事情上下了很大的赌注，你必定会受苦、嫉妒、失望，而且常常依赖于变幻莫测的命运。然而，如果把精力集中在由你能决定的事情上，你就会平静地度过一生，泰然自若应对一切，永远不会嫉妒任何人，也永远不会对宇宙的更迭感到失望。

随着时间推移和实践的深入，你会做出智慧的选择，权衡将多少努力投入到真正由你决定的和不由你决定的事情中。因为人的本性更偏好浪漫的恋爱、好的工作、富有或其他，所以在训练初期，你可能很难达到平衡。但不要因为处处犯错就选择放弃，进步是持续努力的结果。正如罗马不是一天建成的，更好的自我发展需要多年练习，很可能需要坚持一生。然而，这种进步才是自由和幸福唯一可靠的保证。

这个建议非常重要：每当你对某事有强烈的欲

望（或有强烈的厌恶，实际上是一回事）时，训练自己与欲望（或厌恶）的源头对话，并说："你只是一个表象，可能根本不是你所描绘的那样！让我仔细看看到底是怎么回事。"然后对表象进行关键测试，问问你自己，这是否最终取决于你？如果答案是肯定的，请你将自己的所有力量集中于此；如果不是，你也许只是偏爱它，但不应该附加你的价值感。你更喜欢健康、富有、被爱等，这是合理的，但你作为一个人的价值并不取决于此。如果你得到了它们，固然很好；如果没有，也没关系。我的朋友，不要廉价地出卖你的灵魂。

2.2

欲望及厌恶训练:
重新定位可能已被误导的欲望和厌恶

2 重新调整你的优先事项

深入了解人类生存状态，你会发现，你能掌控的事情远不如你想象的多，你可能对自己的所作所为有错误认知。事实上，这种普遍的无知是许多不快乐的根源：你拼命渴望那些根本不由你决定的事情，与此同时，却忘记了把精力投入到实际由你决定的事情上。所以，正确的策略应按以下步骤，重新调整你的优先事项。

首先把注意力集中在你的判断、你的决定和你的努力上，也就是那些真正由你决定的事情。其次，你应该以弓箭手的态度对待其他一切外在事物：虽然击中目标是你的目的，但请记住，一旦箭离开了弓，它的轨迹可能会因为突然刮来的一阵风而改变，目标本身也会有不可预见的移动。

那么，你能做什么？将你的目标从外部转移到内部：反复告诉自己，你的目的不是击中目标，而是尽你所能射出最好的一箭；不是为了获得晋升，而是为了成为最佳候选人；不是为了让别人爱你，而是全心全意成为一个最有爱的人。如果你能以这种方式重新引导你的注意力和欲望，你将会获得平静与快乐。

3 你自以为所拥有的一切就是你的吗

你自以为所拥有的一切其实都不是你的：你最喜欢的杯子，你的房子，你的工作，甚至你的伴侣或孩子。总有一天，你会以这样或那样的方式失去它们。你应该为此做好准备，同时清楚地知道，你要对这样的拥有心存感激。对待物质财产，你不难做到这一点：如果你最喜欢的杯子碎了，告诉自己，"这只是个杯子，我知道它会碎"。然后，你应该逐渐去做更困难的事情。如果你因为市场低迷而损失了一大笔钱，告诉自己，"这只是投资，我知道它可能会亏空"。

对人，不可冷酷无情，但是应运用同样的原则，在你的所有行为中培养平静：如果有朋友搬走了，你要告诉自己，"我一直都知道他会离开，但他依然是我的朋友"。接下来是最难的事：如果你所爱的人先你而去，告诉自己，"我一直都知道，我们之中必定有人会先走，我很感激与他们共度的每一个时刻"。

4 如何应对可能发生的状况

对于你要做的每一件事,预估最有可能发生的情况,并提前预演你将如何应对。假设你在看一场演出,坐在你旁边的人大惊小怪发出噪声,你为此生气毫无意义,因为从一开始你就知道,人们在观看演出时经常会有这样的反应。相反,当你离开家时,你应该告诉自己:"我要享受表演的乐趣,但我也想保持内心的平静,以及与他人之间的和谐。"如果幸运的话,以上这些你都能做到。但如果仅仅因为某人的小题大做而崩溃,你又如何能够保持内心的平静和谐呢?

因此,面对恼人的邻座,你可以尽力说服他保持得体行为,但最终要时刻觉知你所能控制的事情:我的目标是享受演出,同时也要保持内心的平静以及与他人的和谐。这一次,我也许无法实现第一个目标,但至少我要实现另外两个。只要你将这种做法用在每件事上,就会过上宁静的生活。

5 困扰你的不是事情本身 而是你对事情的判断

困扰你的不是事情本身，而是你对事情的判断。看看周围，你会注意到人们对同样的事情有着完全不同的反应，也就是说他们对事情的判断不同。有些人认为失业是一场灾难，有些人则认为，这是寻求全新前途的机会。大多数人回避痛苦，但也有些人为了追求更高的目标甘愿忍受痛苦，比如跑完马拉松，或通过高难度的考试。

甚至死亡本身也是如此：它不是一件糟糕的事，

因为当它到来时，你已经不在了。但是，人类却相信有些东西可以帮助自己避开不可改变的命运，不论宗教还是科技崇拜，因为恐惧死亡，我们成了它们的奴隶。

智慧有三个阶段：第一，愚者把自己对事物的判断归咎于他人；第二，走向智慧的人不怪别人只怪自己；第三，智者甚至都不会责怪自己。

6 什么是属于你的东西

不要因为并不真正属于你的东西而沾沾自喜。你有好车吗？它的价值归功于设计它的工程师。你有好房吗？值得称赞的是设计它的建筑师。如果你说："看，我有辆多么漂亮的车。"你是在为一个无足轻重的东西邀功，当然，你也不会因此而成为一个更好的人。

那到底什么是你的东西？通过你的审慎判断，正确使用生活暂借给你的东西。你有一辆好车，那么，你打算用它为人类社会做些什么有益的事情？你有一栋漂亮的房子，棒极了！你打算把它开放给朋友和邻居吗？你打算在此建立一个兴旺的家庭吗？只有如此你才会成为一个优秀的人，这是你真正应该感到自豪的事情。

7 立刻开始真正的生活

你坐过邮轮吗？如果坐过，你一定知道，当获许上岸时，你可以尽情享受观光或购物，但要时刻注意邮轮的离岸时间，以免滞留异乡。

人生也是如此。享受生活的乐趣，有时愉悦自己未尝不可。但你应该永远记住，航行在某一刻终会结束，不会永远持续下去。请为那一刻的来临做好准备，当你回首往事时，确保自己不会因为虚度了上岸时间而追悔莫及。

避免这种情况的最好方法，是常常问自己什么才是最重要的,并采取相应的行动。有些人在他们年迈时才开始真正的生活,而有些人,压根儿就没有开始过。

8 事事如你所愿

不要求事情以你希望的方式发生。事事如你所愿，这不过是个幼稚的想法。宇宙不欠你任何东西，它只是做自己的事情，根本不在乎你。

相反，要记住，你真正可以决定的，是全力以赴去实现自己的目标；同时也要记住，是否真正实现目标并不完全取决于你。在生活中，你有时会赢，有时会输，有时会以平局收场。

因此，要培养对外在事物的平静态度。当它们于你有益时，你要高兴并感激；反之，也不要恼怒。

你的意志永远是自由的　9

如果你生病了,你的身体会受到阻碍,但你的意志不会。即使生病了,你也可以努力做一个体面的人。穷困会妨碍你做某些事情的能力,但不会妨碍你的意志。即使穷困潦倒,你也可以努力做一个体面的人。

同样的道理也适用于强加于你的其他外在状况:那些可能以某种方式限制你行动的东西,无法限制你的意志。这是自由的唯一意义,你的自由取决于你。

10 找到内在的能力

这是一个驾驭生活的良方。记住,对于发生在你身上的任何事情,你都可以找到内在的能力去应对。

比方说,你被情欲诱惑,你会找到节制力;如果你正经历痛苦,你会找到承受力;如果有人侮辱了你,你会用忍耐来对付那个傻瓜。

时常练习你的能力,你就不会被生活的境遇击垮。

像旅人一样度过此生 11

你应该像暂住在客栈的旅人一样度过此生,永远不要认为任何东西真正属于你,它们只是你向宇宙暂借来的。

有人剥夺了你的财产?首先,那本来就不是你的(因为没有什么是你的),你只是把它还给了宇宙。"但它被一个坏人抢走了!"其实,对你来说并没有区别。你只是将它归还,现在问题在于别人,他们将面对所有的后果,首先是良心上的污点。

这也适用于更困难的事情:所爱的人去世了。

因为他们从来都不是你的，而是从宇宙借来的，现在宇宙又把他们收回了。这是如何发生的并不重要，什么时候发生也不由你决定。相反，要感激他们曾经和你在一起，感激他们的出现让你的生活变得更好。

从小事开始练习保持内心平静 12

如果你想取得进步,就要放弃这样的想法:"如果我不在投资上多花点时间,就赚不到那么多钱",或者"如果我不努力工作,就不会得到晋升",或者"如果我不努力给人留下好印象,就不会得到好评"。宁可少赚点钱、错过晋升机会或被轻视,你也不能失去平静和自我价值。

从小事开始练习,例如,有酒洒在你的身上,别生气。相反,对自己说:"这是为了保持我内心的平静,以及与他人和谐相处所付出的小小代价。"通过逐渐练习更严重的事情而持续进步,例如,你的钱被偷了。这不值得生气,这样做只会因为已经发生的事情而徒增对自己的伤害。

你能接受别人说你愚蠢吗　13

如果你想取得进步，你就要勇于接受别人依据外在事物而评判你愚蠢。不必设法用你的知识去打动他们，因为你真的没什么知识。如果他们认为你很重要，不要相信这样的判断，你更了解你自己。苏格拉底曾经是古希腊最有智慧的人，但他承认自己一无所知。

问题是，当追求外在分散了你的注意力时，你就很难在完善自己的判断方面取得进展。如果你依然认为追求外在确实重要，这一事实本身就说明你并无长进。你不可能投入那么多精力让自己变得既富有又智慧,既出名又智慧,或者既成功又智慧。非此即彼,你知道自己该选择哪一个。

只渴望由你决定的东西   14

尽管这并非易事,但你必须接受你的孩子、伴侣、朋友,甚至你自己,都不会永远活着。这不是一个可悲的真相,这只是一个事实。悲伤完全是你的意念营造出来的。如果你奢望事情不是如此,只能说明你很愚蠢,因为你根本无力改变。

同样,如果你希望同事不要那么烦人,或者政客不要腐败,富人不要贪婪,你就是个傻瓜,因为那是他们的本性。总之,如果你希望人们都与众不同,那你就是傻瓜。

相反，如果你不想让自己的希望落空，那就训练自己只渴望由你决定的东西，也就是你自己的判断、意见和价值观。除此之外，别无他法。

如果你确实渴望一些不由你决定的东西，你就是把自己变成了他人或境遇的奴隶。如果你想要钱，你将成为那些能给你钱的人的奴隶。如果你想要名声，你就会成为那些能给你名声的人的奴隶（名声如泡影）。你会成为任何外在事物的奴隶。

自由掌握在你的手中：只渴望由你决定的东西，只厌恶不能使你变得更好的东西。

一个关于如何生活的比喻 15

这是一个关于如何生活的比喻:想象你在一个宴会上,这时有道菜转到你面前,棒极了!你要适量取一点,因为其他人也正等着。假如这道菜不小心绕过了你,不要贪婪地伸手去拿,也不要着急,它会再转回来的。至少即使你吃不上那道菜,你也不会挨饿。还没上菜吗?没关系,你可以一边等待,一边与你的邻座闲谈。

你可以把这种态度应用到家庭、关系、朋友、事业、财富等方面。不要贪恋它们,拥有时就好好珍惜享受，失去时不要懊悔，因为这就是事物的本质。

事实有多可怕取决于个人的判断 16

人们因失去而忧心如焚，相信自己真的很不幸：有人因为交易失败陷入亏损，有人失业，有人的孩子要远赴海外，有人的伴侣去世。我列出的这些都只是事实，它们到底有多可怕或难以忍受，其实取决于每个人的判断。有些人这样判断，有些人那样判断。

你要时刻提醒并训练自己，平和应对逆境，牢记宇宙既不为你工作，也不与你作对。宇宙将永远运行下去，并且与你毫不相干。

然而，当你与他人互动时，不要漠视他们的苦恼或悲伤。实际上，他们只是需要你的安慰。但不要错误地认为，他们对外在事物的判断是必要的或正确的。

打好别人眼里的一手烂牌 17

你玩过扑克吗？生活就是这样。你不能决定拿到什么样的牌，这主要取决于充满随机性的运气。你可能拿到了同花顺，也可能只拿到一对牌，或者不好不坏的牌，比如三张相同的牌。但无论如何最重要的是你如何采取策略打好手中的牌。如果你不是个好玩家，即使有一手好牌，你也可能会输；如果你有能力，也可以打好别人眼里的一手烂牌。

所以在生活中，你无法决定自己生而富有或贫穷，聪明或愚笨，英俊或丑陋。但是，你可以决定自己是否全力以赴,这也是衡量一个人优秀与否的标准。

不要迷信 18

不要迷信。不能用星座、纸牌、茶叶占卜或通灵术来预测你的未来。

此外,关于你的健康、财产、名誉或是亲人等,无论宇宙为你安排了什么,你都要做到尽力而为。所以,让一切顺其自然吧,你已做好准备。

19　获取自由的方法

只参加那些你确保能赢的比赛。这才是获胜的可靠方法。唯一符合这种条件的比赛就是成为一个更好的人，别无其他。

所以，当你看到某个人有名有势，或者在其他方面备受推崇时，不要被他迷惑，也不要认为此人一定幸福。那些由我们决定的才是真正好的东西，如果这是对的，那么你根本无须嫉妒或效仿。

你不应该渴望成名、有钱有势，而应该渴望自由。获得自由的唯一途径是不要把你的幸福和自尊，依附于那些不由你决定的东西，比如名誉、财富和权力。

20 让自己和别人的印象之间保持距离

你说,有人侮辱了你,这其实是说你允许他们侮辱你。

因为无论他们的意图是什么,他们说出的话只是你们之间的空气流动。他们的话只有在你自己认为是对你的侮辱时,才会变成侮辱。否则,只不过是愚人之言。

因此,尽量不要被表象迷惑,而是按下暂停键,让自己和别人的印象之间保持距离。通过这种方式,你会发现更容易保持理性,以及自我支配的能力。

时常冥想逆境　21

要时常冥想逆境，尤其是人人都要面对的死亡，包括你自己的死亡。

如果你这样做了，你就不太可能心存卑劣的想法，也会摆脱对任何事物的过度渴求。

22 真心信奉哲学生活

如果你真心信奉哲学生活，请准备好迎接别人无情的嘲讽。他们会说你胡思乱想，或者说你自以为这样是高人一等。

对你来说，要确保自己不要想入非非，当然也不要觉得自己比任何人都优越。如果你按照自己的哲学行事，人们最终都会看见，会欣赏，甚至可能钦佩你，尽管这并不是你追求哲学生活方式的初衷。

最后，如果你只说不做，当然，你肯定会再次沦为笑柄！

不要把追求外在作为主要目标 23

不要把追求外在作为你的主要目标。一旦这么做了,你就偏离了哲学,所有的努力都将付诸东流。

当然,受过教育总比没有好,或者有点钱比没钱好等。这些都是次要的,也很容易使你偏离目标。

所以,在任何事情上,都要乐于做哲学的实践者,如果你想在别人面前有这样的表现,首先要确保自己践行哲学。如此足矣。

24　当你感到名誉扫地时

这种事情根本不会给你带来任何痛苦:"我将名誉扫地,过着无名小卒的生活。"因为名誉扫地是别人的想法,不是你能决定的。你所能决定的是:你是否做过不光彩的事?同样,担心自己是否会变得有权势或有声望,甚至担心是否会被某个宴会接纳,也都与你无关。毕竟,这些事情不是你能决定的。顺便说一句,你所说的无名小卒是什么意思?在某个适当的行为范畴里,也就是说,当涉及自己的判断和决定时,你就是你。

"但是我无法帮助家人和朋友。"你这样说是什么意思呢?你的朋友可能无法从你那里获得金钱或其他物质援助,但谁告诉你这些事情是由你决定的?如果你自己都没有,肯定也无法给别人啊,所以你没有过错。

"但我可以努力获得金钱和其他的物质资源,这样我就可以帮助我的家人与朋友。"你当然可以,前提是保持你的尊严和正直。如果你能做到,那就尽力去做。但是,如果为了获得这些东西,你要舍弃真正对你有益的东西,那么你选择的道路将是最不明智的甚至是愚蠢的。此外,在钱和好友之间,你会选择哪个?选择后者更可靠;因为前者取决于宇宙,它可能出现,也可能不出现。

"但我的祖国离不开我,我要为国效力。"首先,你真正的国家是整个人类世界,这是你首先要效忠的对象。其次，再问一次，你将如何效力？你要为国家提供建筑和艺术品？国家既不会接受教师的医疗，也不会接受医生的教育。各尽其责就足够了，无论这些职责是什么，也无论受到什么限制。如果你可以在国家或整个社会中做一个有道德的公民，那就足够了。由此可见，你并非一无是处，或者更确切地说，是否有用实际上取决于你。

"那么，我在社会上有什么地位呢？"只要能保持你的正直和美德即可。在你渴望为社会做出贡献时，如果失去了其中任何一个，你怎么能真正有用呢？

获得邀请是有代价的 25

设想你没有获邀参加某个宴会，或者加入某个圈子。如果这些是好事，那就为得到邀请的人高兴，并祝他们好运；如果不是好事，那你为什么要抱怨？事实上，如果不采用一定的手段，你就得不到这些外部资源。无论谁获邀进入哪个晚宴或圈子，他都做了这样的事：阿谀奉承负责人，虚情假意地赞扬他们。所以，你的抱怨毫无合理公正可言：你不愿付出代价，还希望被接纳？

想想看，有人花钱买昂贵的食物，但是你不想花这笔钱。所以,你也没有理由抱怨自己没得到食物。这对你没有什么不公正的。他们拥有食物,但你可以留着你的钱。

同样,你没有被邀请,是因为你不想付出获邀的代价:奉承赞扬那些你认为不值得的人。如果你认为这个邀请有益于你,你便应想去付出所需的代价;但如果你不愿意付出,就不要到处酸溜溜地抱怨有人对你不公。这样做既不合理又很愚蠢。你不是有自己的东西来代替邀请吗?因为你做到了这一点:保留自己的正直。

思考自己的反应 26

你应该认真思考，自己对他人所遇问题的反应以及处理方式。当你真正遇到类似问题时，这种未雨绸缪的思考就能指导你做出正确的回应。例如，某人最喜欢的杯子碎了，他感到非常沮丧。你自然会对他说："别难过，只是个杯子而已，杯子的本性就是会碎的。"当你最喜欢的杯子也碎了，请记住这句话，并对自己重复一遍。

现在把同样的原则应用到更困难的事情上。有人至亲过世。你可以安慰他们，说："事情已经发生了，人都会有一死，但生活还要继续。"这种说法没错，当你自己所爱的人去世时，不要认为宇宙中最可怕的灾难降临到了你的身上，生活还要继续。

关键是你要清楚，无论于己于人，都不要对死亡或灾难麻木不仁。重点是要平静地接受已经发生的事情，因为它的发生是自然的，而且你有能力决定如何回应。悲伤可以理解，绝望只会适得其反。

世界本来如此 27

世上没有什么是邪恶的,也没有什么是善良的。世界本来就如此。如何处理我们遇到的任何事情,由我们自己决定。

28 你的思想被人操纵，你会感到不安吗

假设有人将你的身体随意丢给他人，你肯定会不高兴，不是吗？那么，为什么当别人操纵你的思想，为所欲为时，你反而没有感到不安呢？

在确定目标前，衡量自己的本性和意向 29

在开始做某件事之前，你要仔细考虑它会涉及什么，以及为了顺利完成此事，什么是必要的。如果做不到这些，那么你必然会给很多事情开个头，结果却注定一事无成。

"我想参加奥运会的跑步比赛。"很好！但你清楚这个目标意味着什么吗？你必须遵守规则，让自己接受魔鬼式的训练和严格的节食，恪守教练的规定，放弃某些乐趣，等等。当比赛时刻到来，你也许会受伤，会在赛道上摔倒，或者输掉比赛。你能接受这一切吗？如果可以，那就全力以赴开始你的训练。但如果不能接受，那就不要像个孩子过家家似的，今天扮演医生，明天扮演消防员，而不真正从事任何医疗或者消防工作。如果你没有准备好认真对待这些目标，或者更糟糕的是，你误以为别人会因此而钦佩你，请谨记，不要让自己被这些目标冲昏了头脑。

同样，你想践行哲学，但你有没有考虑过这意味着什么，或者只是因为你喜欢成为像苏格拉底一样的人？在开始之前，你要衡量自己的本性和意向，仔细想想你将要做什么。你认为你能像现在这样，既追求外在同时还能践行哲学吗？你渴望金钱、名誉或其他东西吗？你会生气吗？这可不行，你必须在你的欲望和厌恶上下功夫，训练自己不要对别人生气，甚至与你的某些朋友和熟人保持距离，他们也许无益于你的训练。你可能会被嘲笑，你要对此做好准备，不屑理睬。你可能不会在别人认为重要的事情上获得"成功"，例如事业、财富或声誉。你不可能得到一切。你要么培养自己的理性，把美德放在首位，要么拼命追求外在。要么优先考虑你的内在，要么优先考虑你的外在。这是一种取舍，你必须决定走哪条路。

只有你仔细考虑了以上所有，也只有到这时，你才能真正开始你的哲学之路。你会放弃很多，但你会获得自由和安宁。你将成为一位哲学家，而不只是一个凡夫俗子。

2.3

行为训练:
你将为公正对待他人做好准备

30 最应该关心自己的责任

你是一种社会动物,无论喜欢与否,在生活中你都要承担一定的责任。如何明确你的职责呢?这要根据你在生活中所扮演的不同角色来定。如果你是父亲,那么你对自己的孩子负有责任。同理,你对自己的父母和兄弟姐妹也负有责任。对于你的朋友、同事、员工以及老板,你有不同的责任。最后,永远牢记你最重要的责任,即成为人类大家庭的优秀一员。

"但是,"你说,"我母亲对我不好。"也许吧,但她毕竟是你的母亲，你应该关心自己怎么对待她，而不是她待你如何。"但是我的兄弟伤害了我。"你所说的"伤害"是什么意思？他有没有强迫你，改变你的信念，或改变你所认可的价值观？不，他做不到。所以那不是真正的伤害。他可能对你不公平，但那是他的事。你要考虑他是你的兄弟，你要好好待他。

31 你是宇宙因果中微小但不可或缺的部分

正确看待并理解所发生的一切。有些人认为，上帝以最好的方式主宰宇宙运行，上帝关心人类的命运。但你对此持怀疑态度，你怀疑上帝并不存在，认为宇宙是自然演化的结果，就像你自己一样。因此，发生在你身上的任何事情，都谈不上公不公平，因为事情本来就是如此。你要正确看待并理解所发生的一切，了解这些都是宇宙因果的产物，而你是其中微小但不可或缺的一部分。因此，你责怪上帝或是责怪其他任何东西都没有意义。专注于你能控制的事情，其他一切顺其自然，这才是合理的。

要做到这一点，必须真正接受这样的观念，即你应该尽最大的努力专注于那些能够由自己决定的事情：审慎的判断、经过深思熟虑后得出的观点和认可的价值观，而不是别的。否则，你会在自己不可控的事情上持续失败，并时常为自己不可控的事情而苦恼。

每种生物都会恐惧并躲避有害的东西，也会享受并寻求有益的东西，这是很自然的。你是一个活生生的人，所以你的行为也是如此。但与其他大多数生物不同的是，你拥有理性的力量，它让你能够思考什么是真正有益的，什么是真正有害的，并让你能够区分事实与表象，区分事实与他人所言。

所以，有人会因为得不到他自认为公平的遗产份额而感到不安，那是因为他们的认知前提是错误的。金钱不是一种善，而只是一种"无所谓偏好"。罗慕路斯和雷穆斯大打出手，结果导致其中一人丧命，这是因为他们错误地认为，权力凌驾于他人之上是一件好事。当农民的收成与他们的预期不符时，当投资者在市场表现不尽如人意时，或当某人失去亲人时，人人都会犯类似的错误。他们怨天尤人，就好像天气、市场或生活本身都取决于他们似的。

然而，请记住：如果你理解了事物的本质，并将其融入自己的意识，便会懂得生活常常事与愿违。但请不要以为其他人也持有相同的认知。请按照他们期望的方式与他们和谐相处；要有同情心，不要因为他们认知中存在错误的表象而责备他们。

如何看待预测 32

有些人向通灵者和占星家询问应该怎么做。你应当知道不该去相信这些迷信。但是，即使是根据科学对未来事件做出的预测，最多也只能告诉你，可能会发生什么，只能建议你采取最谨慎的行动。但他们所说的谨慎的标准是什么呢？

如果预测与外部因素有关，请记住，那只是合你的意与否的问题，并不能定义你是谁。因此，无论事态的发展是否有利，你最重要的部分没有受到影响，剩下部分是由你决定的，即以最好的方式对发生的一切做出反应。

此外，如果预测告诉你以违背美德的方式行事，背叛朋友的信任，或其他诸如此类的事情，你应该像苏格拉底那样回应，说这些都无关紧要。因为你有责任以美德行事，无论你的行为是否对你有利。

你必须决定自己是什么样的人 33

你必须决定自己是什么样的人,然后成为那个人。不管你是在众目睽睽的公共场合,还是在家里。否则,你会对自己造成双重伤害:你将是一个伪君子,而且由于表里不一,你将很难进步。

以下建议可以帮助你成为自己想成为的人。不要说得太多,多花时间听别人说话。毕竟你有一张嘴和两只耳朵,所以相比于说的时间,你应该训练自己花费两倍的时间去倾听。当你说话时,要准确简洁地表达自己。尽量减少闲聊,比如那些关于体育、名人或食物的话题。这种谈话不会提高你（或他人）的水准。最重要的是，不要在背后议论别人，不管是指责或表扬，还是拿他们和别人比较。如果可能的话，试着把谈话引向有意义的主题。但也要记住：你永远可以选择保持沉默。

保持良好的幽默感，但不要笑得太多或太吵。你已不再是个孩子了，要注意自己的尊严。

尽可能拒绝发誓。你需要保留对事物做出判断的选择权，而不是盲从他人随意强加给你的观点。

注意你结交的朋友。不要与那些无意完善自己的人交往。但是，如果你不可避免接受这样的交往，那么请注意，如果你判断这对你不利，就不要让自己被他们的行为左右。当你还是个孩子时，父母就告诉你，结交的朋友也许会对你的灵魂产生或好或坏的影响。那你为什么还要故意玷污它呢？

不要沉溺于奢侈的享受。照顾好你的身体、健康和安全，尽量采取极简的生活方式。奢侈不仅没有必要，还极易使人堕落，让你远离美德。如果为了打动别人而去炫耀自己的财富，那你就走错了路，因为你仍然在意别人的赞美或钦佩。

关于性生活，要在忠诚的关系中寻求快乐，这样就不会把他人和自己作为达到目的的手段。永远不要为了追求自己的快乐而伤害任何人。如果别人沉迷于你不赞成的方式，不要批评他们，也不要夸耀自己做得好。你不知道他们为什么要这样做，无论如何，他们的选择不是你来决定的。

假设他们告诉你，有人在你不知情的情况下批评你。与其为自己辩护，不如这么说："哦，是的，但那是因为他不太了解我，否则他会有更难听的话！"然而，你最好的做法是什么都不说，漠然处之。因为对你来说那根本不值一提。

真的没有必要亲自出席观看体育赛事。如果你必须参与，训练自己接受真正获胜的一方就是赢家，不管是因为他们确实优秀，还是因为他们受到了命运的眷顾。坦然接受另一方的失败是生活的现实，这与你的成长无关，因为他们的输赢不取决于你。在比赛期间，不要大喊大叫，也不要过于激动。你若反思自己兴奋的原因，就会发现它不值得你这样。最后，不要在赛后滔滔不绝，长篇大论，这事没那么重要。

当你去参加任何公共集会时，要记住保持自己的尊严，努力不让别人讨厌你。

假如你要去见一位有权势或名望的人，这样问自己："苏格拉底会怎么做？"然后你就会知道该如何表现。此外，出发前，设想一下你实际上根本见不到对方，也许是他们拒绝见你，也许他们会粗鲁无礼。尽管会有这些可能，但如果你非去不可，那就去吧，永远不要说"不值得"，只有那些看重外在的人才会这样说。

当你在谈话时，注意不要过多地谈论自己。虽然你可能难以置信，但你真的并不像自己想象中那么迷人，别人对你也不感兴趣。

不要大声喧哗，也不要使用粗话。何必如此呢？也许有人会无礼打断交谈。如果他这样做了，不要直接提出批评，但是你可以拒绝参与他们的行为。欲觅有德之友，先做有德之人。

34 抵制表象，战胜欲望

每当你强烈感觉到，某种你本不该沉溺其中的快乐会对你有好处，这时候，你要慢下来，别着急。让自己与表象保持距离，让你的支配能力来仔细考虑。

尤其要思考，实际快乐的时间多么短暂，然后对比一下你遗憾的时间有多长。

此外，再想想，当你抵制了表象，战胜了欲望，并保持了你的美德，你将体验到一种更特别的、更高尚的快乐。

做你认定正确的事情 35

如果你认定做某件事是正确的,那就光明正大去做,即使别人并不赞成。他们的意见不由你决定。

但如果某件事情是错的,那就干脆不做,无论别人多想让你去做。他们的意见与你无关。

36 平衡自己与他人的需求

想想这两句话:"现在是白天","现在是黑夜"。分开来看,每一句都有意义,在特定的时间里,每一句都合理。但是,当把"现在是白天"与"现在是黑夜"连成一句话,这句话就自相矛盾。

同样,有些事情可能有益于你,但无益于社会福祉,这样就产生了一种矛盾。例如,一般来说,吃你所需的食物来滋养身体,这本身没错;但如果你在别人家里做客,就要注意与主人及其他客人分享食物,甚至你吃到的比你想要的要少。"吃你喜欢吃的食物"和"社交场合中与人分享食物"是有一定矛盾的。

因此,在生活中的许多其他事情上,也要时常明智地考虑,平衡自己与他人的需求。

37 选择角色

在生活中我们往往同时身兼几个角色。但假设你决定扮演一个自己不适合，或无法胜任的角色，如果你是一名这样的演员，你就会毁了整部戏、观众、其他演员，还有你自己。

因此，仔细考虑你所从事的事业，以及自己是否能够胜任；同时，一定不要忽视本来非常适合你的事业。

切勿对思想的力量漫不经心 38

假如你总是很谨慎，事事小心，不伤害你自己，比如具体地说，不伤到自己的身体。你不会到处乱逛，担心钉子扎进鞋底，你小心走路确保不会扭伤脚踝。那你为什么对你的思想的支配能力如此漫不经心？你怎么能容忍它被各种垃圾冒犯玷污？你应该保护它免受外部的侵扰，并尽可能使它从内部得到强化。

39 衡量尺度

每个人的身体都是度量他们财产多少的标准,就像一个人的脚能够衡量鞋子的尺码合适与否一样。

你需要的是舒适耐用的鞋子。但是,一旦超过了这个标准,你就开始追求奢侈,变得毫无节制,你的脚将不再是鞋的衡量尺度。

身体和财产也是如此。你拥有的财产数量、住宅的大小,应该与你的舒适度及安全相称。一旦你开始超过这个尺度,就没有了节制,因为你已失去正确的衡量标准。

对任何人的歧视都不合理　40

这是一个无可争辩的事实：人类同胞不分性别和种族，人人都是这个物种的正式成员，都被赋予了共有的精神权利和尊严。

也就是说，在任何情况下，你都应该对他们一视同仁，无论他们是家人、爱人、朋友、同事还是陌生人。任何对他人的歧视都不合理，也不道德。

41 适可而止

一个人若沉溺于身体上的快乐，比如纵欲，或过度关注身体（包括强迫性锻炼），以及暴饮暴食，由此导致了不良的生理影响，这都意味着他并不在意美德。

所有这些都应适可而止。你要把注意力聚焦于培养自己的支配能力上。作为一个人，良好的支配能力比其他一切都重要。

2.4

好好思考的训练:

提高对人和事的判断能力

42　如果有人说你坏话

如果有人说你坏话，或者对你不好，你要停下来想想为什么会这样。

你要推己及人，大概他们坚信自己的言行有充分的理由。当然，他们可能是错的，但你没错过吗？你不明白他们言行的起因吗？无论如何，到底谁会因此受到伤害？

比如说，有人坚持认为9的平方根是4，他错了吗？当然错了，但这会影响平方根运算的声誉吗？不会的，运算结果不会改变，反而出错的人看起来像个傻瓜。

同样，如果有人说你的坏话或对你不好，除非你自己接受，否则你不该是那个受折磨的人。错误在于苛待你的人，而且他们必将咎由自取。牢记这一点，你就能温和对待那些做错事的人，并努力纠正他们。如果无法纠正，你应当学会宽大为怀。

每次遇到这种情况，你要不断对自己说："那是他们的观点，他们认为自己是对的。"

43 两个把手

打个比方,任何东西都有两个把手。但这两个把手并不对称:一个拎起来更容易,另一个拎起来相对较难。

例如,有家人或亲密的朋友冒犯了你,也许他们对你不公,那么,你下意识就会抓住"较难的把手",执意认为你被苛待了,并由此形成对抗。虽然这是自然而然的,但使用这种方式,事情不太可能得到改善。

或者,你可以抓住那个"更容易的把手"来应对这种表象，记住他们是你的家人或朋友，你们一起长大，共享许多回忆，他们爱你，你也爱他们。

难道你不觉得这样会让事情变得更容易，从长远来看会变得更好吗？

44 一些没有逻辑意义的世俗观念

这是一些没有逻辑意义的世俗观念:"我比你富有,所以我比你更好",或者"我比你受过更好的教育,所以我比你好"。结论与前提毫不相干。

也许还有这样的推论:"我比你富有,所以我有更多的钱",或者"我比你受过更好的教育,所以我能讲得更好"。

你既不是金钱,也不是演讲本身。你是个有决定能力的人。对你的评价,或者自我评价,只取决于这些决定的好坏。

没有充足的信息就无法进行判断 45

不要说某人喝得太多,只说他在喝酒。不要说某人话太多,只说他在讲话。一般来说,你根本不了解其他人,也不知道他们为什么那样做,因此无法对他们的行为做出可靠的判断。也许对你来说是喝得太多或说得太多,但你怎么知道对他们来说也一样呢?

记住,你的目标应该是对人和事做出最好的判断,如果没有充足的信息和深思熟虑就草率臆断,你绝不可能得到最好的判断。多数情况下，直接放弃判断，也不失为上策。

2.5

好好生活的训练:
为实践生活的艺术做好准备

46 千万不要以为自己睿智、开明

千万不要以为自己睿智、开明。事实上，炫耀本身就标志着你既不睿智也不开明。比起目空一切、自以为是，请按照你学到的智慧行事吧，这样才会更加令人钦佩。

例如，假设你在参加宴会，不用教导别人用餐礼仪，你自己正确就餐即可。众所周知，苏格拉底承认自己并不聪明，知道的也不多。难道你比苏格拉底更好吗？他不介意因他自己卑微的外表而被忽视，因为他知道外表不是衡量一个人的标准。你难道比苏格拉底更需要或更值得关注吗?

让我换一种说法。当羊吃草时,它们会为求得赞美而在牧羊人面前反刍吗?不,它们花时间去消化,以便慢慢将食物转化成羊毛和羊奶。那才是牧羊人所看重的。

你也一样。注意不要为了给人留下深刻印象,随口说一些自己都不理解的原则。相反,确保自己慢慢领会这些原则,才可能带来真正重要的结果:你会做得更好。

47 练习成为优秀的人

如何练习成为优秀的人：做好自己，不要向别人炫耀美德。

如果你认为简单饮食更可取，这样做对环境影响较小，对动物造成的伤害也少。很好，那就这样吃，不要觉得有必要向别人解释这样做的原因，他们会亲眼看到的。

你觉得喝酒不适合你吗？好吧，那就别喝了。不要为了得到别人的称赞而显摆。

你决定要锻炼让身体更健康强壮？你太棒了。

但你没有必要为了赢得别人的赞扬,而向全世界宣告。

你想锻炼忍耐力吗?有一个简单的方法:下次你口渴时,把冰水含进嘴里,然后吐出来。但不要告诉任何人。

48 践行生活艺术

践行生活艺术的人与不这么做的人有本质的区别。不践行生活艺术的人,从金钱、财产和名誉等外物中寻求安慰,受到伤害时就会心生抱怨。与此相反,践行生活艺术的人在审视自己时,既是为了寻求安慰,也是为了寻找伤害的根源。

这些是人们在实践中成长的标志:他们不批评任何人,不赞扬任何人,不责怪任何人,他们不挑任何人的毛病,从不宣称自己是什么人物或知道什么。当受到阻碍时,他们会审视自己哪里判断错误。

当受到赞扬时，他们只是会心一笑，而非受宠若惊。受到批评时，他们则会欣然接受。

换句话说，践行生活的艺术，如同治疗疾病，我们要保护和调养伤口，尽快痊愈。我们要学习追求适当的欲望，避免和摆脱不适当的欲望。当然，我们对欲望的归类可能与大多数人截然不同。

我们要尽可能避免评判，要意识到自己的浅见薄识。不要觉得这样做会显得愚蠢无知。最重要的是，要时刻提防自己的愚蠢行为，如同警惕准备随时攻击我们的潜伏的敌人。

49 智慧需要日复一日的练习

你为自己进入了哲学领域而自豪,对吗?面对朋友和熟人,你是不是装出一副无所不知的样子?但你到底懂得什么呢?你读过苏格拉底和爱比克泰德,也许你明白他们在说什么。但你真的是像他们一样生活吗?你对哲学文本的解读是否引导你过上了更好的生活?如果不是,那么你和有些人一样,虽然读过荷马或莎士比亚的作品,但只会故弄玄虚、夸夸其谈,却写不出一段能够拯救生命的文字。

唯一值得骄傲的是你日复一日的练习。只有当你能真正实践这些戒律，而不只是阅读或谈论时，你才能称自己是一个认真实践生活艺术的人。这才是真正可以自豪的事！

50 这些原则不只是记住，而是每日遵循

你不应该只是记住这些原则，而是每天都要遵循，如同它们是自然法则一样。但请记住，就我们所知，世上根本不存在立法者，宇宙本质也不是永恒的。相反，你所学习的是人类智慧的成果，这些智慧从一开始就被应用于人类的现实处境中。

此外，记住不要理会那些批评或贬低你的人——除非你能从他们那里学到东西。你无法左右他们的意见，只能决定自己的判断。

行动起来,做该做的事情 51

在成就最好的自己这条路上,你为何停滞不前?你接收到了这个信息,已理解并且同意这个说法,那么,是什么阻止了你付诸实践呢?

你还在等待合适的老师或向导吗?但是他们已经就位,你没注意到吗?你已经不再是孩子,而是成年人。你应该把注意力转移到自身以及自我的进步上,不要浪费时间去草率懒散,因循怠惰,或者找借口朝三暮四。

如果你仍然漫不经心,你将继续盲目地生活,从不去拥抱和实践生活的艺术。至死你都不会有任何进步，那将多么遗憾啊！

所以，行动吧！下定决心做该做的事。正确的做法是作为一个人去生活——运用理性能力改善社会——专注于最好的东西并坚持下去。

把你的哲学训练想象成一场竞赛，就像你在奥运会上一样。你没注意到吗？他们已经开始了！不要再拖延了，立刻停止纠结。你必须现在就行动，否则就不会有进步，你将不得不重新开始。

苏格拉底就是因为这样而成为苏格拉底的，在为他人工作的时候，只关注自己的理性。也许你不是苏格拉底，但你应该希望自己活成苏格拉底那样的人。

实践哲学的三个领域 52

实践哲学有三个领域。第一领域与该做什么或不该做什么有关,例如,不要撒谎。第二领域是了解某些戒律是否有效的原因,例如,(在特定事件中,鉴于某些情况)我为什么不该撒谎?第三领域则是通过提高洞察力和理解力,来完善前两者。例如,这是不能说谎的正当理由吗?它经得起审查吗?真相和谎言的区别是什么?等等。

从某种意义上说,第三领域是第二领域的必然结果,第二领域是第一领域的必然结果。第一领域显然是最重要的,因为如果我们明白了要做什么和为什么要做,却没有做到,那么何谈其他呢?

  问题是,人们往往本末倒置,认为第三领域是最重要的,而故意避开了第一领域。因此,我们在自己撒谎的同时,也常常用已有的理由来证明别人为什么不该撒谎。

2.6

聆听大师的教导

53 爱比克泰德的四条建议

Ⅰ. 如何断定一笔钱是不是好的？钱本身是不会告诉你的，只有用理性——这种能够运用表象的能力（才能做到）。(《论说集》第 1 卷，第 1 章，5）

Ⅱ. 无论何时，只要你认为外在的东西比自己的正直更重要，那么你就准备余生都为它们服务吧！(《论说集》第 2 卷，第 2 章，12）

Ⅲ. 就我自己而言，我希望死亡降临时，完全专注于关照自己的品格，我希望自己品格平静安

详、自由自在、无拘无束。(《论说集》第 3 卷，第 5 章，7）

Ⅳ. 我们越重视自己无法掌控的事情，所能掌控的就越少。(《论说集》第 4 卷，第 4 章，23）

第三部分

STOICISM 2.0

斯多葛哲学 2.0

3.1

斯多葛哲学的更新

所有的生活哲学和宗教(也是另一种生活哲学)都会随着时间的推移,不可避免地发生改变。唯一的区别是,有些人勉强被动地接受改变,另一些人则认为,改变是生活哲学保持现实意义的必要条件。斯多葛派显然属于后者,正如塞涅卡在他给朋友鲁基里乌斯的第33封信中所言:

> 我会蹈袭前人覆辙吗?我确实会传承

古训——但如果能找到另一条更直接更平坦的道路,我也会选择那条路。在我们之前创立这些学说的人,不是我们的主人,而是我们的向导。真相对所有人都是开放的,它未被私藏垄断,还有很多真理留待后人去完成。[1]

理解我所提出的斯多葛哲学 2.0 的最佳途径,就得回到斯多葛派划分的哲学三部分:"逻辑学""物理学"和"伦理学"。为什么要给这些术语加上醒目的双引号,稍后我将详述。以下是第欧根尼·拉尔修对最初斯多葛派观点的总结:

> 斯多葛派认为哲学学说有三个部分:物理学、伦理学和逻辑学。他们说,哲学

就像一个动物，逻辑学对应其骨骼和肌肉，伦理学对应其肉体，物理学对应其灵魂。他们使用的另一个比喻是鸡蛋：蛋壳是逻辑学，蛋白是伦理学，中间的蛋黄是物理学。或者，他们还把哲学比作肥沃的田地：逻辑学是环绕的栅栏，伦理学是庄稼，物理学是土壤或树木。或者，将哲学比作一个由理性包围并统治的城市。[2]

在上述各种比喻中，我最喜欢的是"肥沃的田地"，因为我赞同其对事物的排列顺序。它最基本的思想是良好的理性会减少我们犯错的机会，所以保护田地的栅栏代表逻辑学。然而，为了获得好收成（伦理）——最终目标——还需要代表肥沃土壤的物理学。为什么这样讲呢？因为如果你对世界如何运转的理解是激进和错误的,就很难过好一生。

一片贫瘠且围栏粗劣的田地会是什么样?曾经有个因《秘密》(*The Secret*)一书而盛行的伪科学概念"吸引力法则",假如你相信它,那么你就会以为,只要你的愿望至真至诚,宇宙会用某种方式重新配置让你如愿以偿。但是,这样的思考方式是错误的,它严重曲解了宇宙运转的真理。

因此,从某种意义上说,斯多葛派的哲学方法可以归结为以下等式:

逻辑学 + 物理学 = 伦理学

然而,我们必须牢记这个看似简单却重要的警告:"逻辑学""物理学"和"伦理学"这些词是由斯多葛派定义的,实际上也是由大多数古代哲学家定义的，它们的意义比相关术语的现代含义广泛得多。现在你应该很清楚了，这里的"逻辑学"包括任何可以改进我们推理能力的东西：不仅包括形式逻辑，还包括认知科学、对谬误和偏见的认识，甚至包括辩证法（与他人进行建设性对话的能力）。"物理学"实际上是指自然科学（不仅仅是狭义上的物理学，还包括生物学、地质学、天文学、化学等），以及形而上学（哲学的一个分支，运用独特的科学来理解世界）的总和。最后，"伦理学"这个概念我们今天常常在狭义上去使用，但它不只是研究对与错，更多的是研究我们应该如何生活。

因此，即使我建议修改爱比克泰德的教导，但我仍然设法通过斯多葛派使用的普遍哲学方法进行推导。我的斯多葛哲学2.0版本共分为七个主题，这些与爱比克泰德的观点多少有明显的差异。我将按照每个主题在《手册》中首次出现的顺序，依次探讨。在本书第一个附录表格中，通过逐条与《手册》进行直接对比，我列出了我所做的每个主要改变，这将有助于读者详细了解我的观点。

主题 1　不必漠视外在

对于斯多葛派，人们往往有种被误导的刻板印象，认为他们毕生都保持着坚定沉着的状态。当然这也有一定道理，因为忍受逆境的确是斯多葛派的价值观。但是爱比克泰德，甚至塞涅卡（在某种意义上，他是最有人情味的斯多葛派人物），更加公开鼓励我们漠视"外在"，即健康、财富、名誉等。他们的教导来源于斯多葛派的基本教义，即美德是唯一的善，其他一切都是"无所谓偏好"，可以合理选择，只要不损害我们的道德品质。

苏格拉底奠定了这一观点的早期版本，他在被称为"欧绪德谟"（Euthydemus）的对话中，为后来斯多葛派的立场提供了相关的论点支撑。苏格拉底和两个诡辩家——欧绪德谟与其兄弟狄奥尼索多洛斯（Dionysodorus）对话的一个关键点，是苏格拉底对智慧的赞美。他解释说，智慧是最重要的，因为智者可以做到事事完美。他声称，幸福不是源自拥有财产或知识，而是源于明智地使用财产和知识。苏格拉底甚至认为，一个没有智慧的人，最好不要得到财产或知识，因为他有可能会滥用，那样甚至比完全没有更糟糕。

然而，请注意，苏格拉底的立场并不意味着漠视外在，也无任何理由表明人应该培养美德或智慧而彻底排斥外在。苏格拉底当然没有这样做，他的偏激观点实际上是受到了西诺普的第欧根尼

(Diogenes of Sinope)所代表的犬儒主义哲学（柏拉图将其称为"疯狂的苏格拉底"）的影响。

苏格拉底明确指出，人只有通过与外在接触，才能行使美德。一个人的智慧或美德（你可能已注意到，我将这两个词互换使用）与他如何利用外在成正比。

要理解我的建议有一个好方法，我们可以从现代经济学家所说的字典式偏好的角度来思考。与古典经济理论相反，行为经济学家已经意识到，人们并不认为所有的商品或需求都是可替代的，换句话说，具有同等经济价值的特定商品或需求才可以互相交换。更确切地说，人们把他们想要或关心的东西分成不同的组，并根据重要性进行排序。同组可以相互交换，不同组则通常不能交换。

举个具体的例子。在日常生活中，例如，我的

A组包括我的女儿，我关心她的幸福、未来等；我的 B 组包括一辆橙色的兰博基尼，这是我的理想座驾。现在，我非常愿意——如果能负担得起的话——用一大笔现金（也属于 B 组）买一辆兰博基尼。但用我女儿的幸福或未来去换这辆车则是完全不可能的。

同样，我认为现代斯多葛派应该将美德视为唯一值得划进 A 组的项目，而一系列外在因素则重要性较低。所以，我将女儿移到了 B 组，兰博基尼移到了 C 组。美德仍然是最高的善，而且它自成一类，不能用其他任何东西来交换。但外在也是好的，我们没有任何理由必须采取漠视或回避的态度。事实上，外在是我们行使美德不可或缺的条件。毕竟，美德不能在真空中培养。

让我们换一种说法，拥有某些外在条件（比如富有）并不会让你成为好人，缺乏某些外在条件（比如贫穷）也不会让你成为坏人，这也是古代和现代斯多葛哲学中，经常巧妙使用的一个矛盾性短语"无所谓偏好"。因此，属于 B 组及更低选项，在逻辑上独立于唯一符合 A 组的美德。

主题 2　不必刻意培养对他人损失的漠不关心

对于大多数第一次接触爱比克泰德的人来说，到目前为止最难以接受的部分是《手册》中的冷漠态度。奥德法瑟（W. A. Oldfather）在 1925 年的翻译如下：

> 对于令你愉悦的、有用的或你喜欢的一切，请记住从最微小的东西开始，对自己说："它的本质是什么？"如果你喜欢一

个罐子,就说:"我喜欢一个罐子。"当它碎了时,你就不会感到沮丧。如果你亲吻自己的孩子或妻子,就对自己说,你是在亲吻一个人。当他死去时,你就不会感到不幸。

很明显,最后一句话听起来有些冷酷无情,这很可能是由于翻译不准确造成的,但最初的希腊语版本也一样刺耳。爱比克泰德本人似乎是个不错的家伙,所以这一段(在《手册》和《论说集》中的其他几段)并不意味着冷酷无情。作者只是在陈述他所看到的自然事实("物理学":人终有一死,包括我们的至爱),以及合理推理("逻辑学":因不可避免之事而心烦意乱是毫无意义的)。尽管斯多葛派对此观点一致,但是这样的文章也给他们招致冷漠无情、克制所有情绪的名声。

事实是，爱比克泰德的优势是他相信宇宙的天意可以让他超脱——类似于佛教中的"不执"，它依赖于宗教对因果报应和轮回的信仰。问题在于，现代科学观与古代斯多葛派对世界如何运转的看法不同（我将在主题 5 中详细讨论），因此我们必须面对这样的事实：打碎杯子与孩子或伴侣的死亡之间有着明显区别。

现代斯多葛派仍然可以保留许多原始的见解，但不是以对待杯子破碎的方式去对待亲人死亡，而是训练自己以豁达（magnanimity，在希腊语中，字面意思是灵魂的伟大）的态度，接受不可避免的事件。我想到了电影《间谍之桥》（*Bridge of Spies*）中令人难忘的一幕。故事中有两个主要人物，律师詹姆斯·多诺万和被指控的俄罗斯间谍鲁道夫·阿贝尔。在阿贝尔犯叛国罪审判期间,多诺万发现,他的当事人似乎并未因为面临死刑而不安。有一次他问阿贝尔:"你不担心吗?"阿贝尔的回答是:"有用吗?"这种反应并不意味着他甘愿死在电椅上,而是因为他已经练就了强大的心态——接受不可避免的事情,这让他在审判期间有能力专注于当下实际可以采取的行动。就像控制二分法所说,区分可以改变和不能改变的事情。

主题 3 顺应自然的生活

第欧根尼·拉尔修解释了古代斯多葛派的口号"顺应自然的生活":

> 这就是为什么芝诺最早(在《论人的本性》一书中)将"与自然一致的生活"

(或与自然和谐相处的生活)指定为生活目标,顺应自然的生活与有德行的生活其实是同一道理,因为自然指引的目标就是美德。克利安提斯的《论快乐》,波赛冬尼以及赫卡同在《论目的》中,都持有相同的主张。此外,正如克里希普斯在《论目的》第1卷中所说,有德行的生活相当于按照自然实际进程的经验去生活,因为我们的个人本性是整个宇宙本性的一部分。这就是为什么要将终极目标定为顺应自然的生活,或者换句话说,符合我们自己以及宇宙的本性。[3]

这是古代斯多葛哲学的另一部分,它的直接意义来自天赐宇宙的概念,但这种解释在现代科学中站不住脚。尽管我们关于宇宙的知识在不断发展，却并不意味着要抛弃顺应自然生活的整个概念，只是应该重新正确解释这一目标的含义。

事实上，我们可以从不同角度秉承克里西普斯所提出的同样的双重解释。按照宇宙的本性生活，用现代术语来说意味着接受世界的本来面目，而不是我们所期待的样子。或者，正如现代斯多葛派拉里·贝克尔（Larry Becker）所说："遵循（物理学和生物学的）事实。"[4] 相比之下，按照人的本性生活，几乎仍然可以像古代斯多葛派那样解释，他们认为人类从根本上来说具有社会性和理性的能力，这一观点无疑得到了现代灵长类动物学、人类学和认知科学的证实。

例如，当爱比克泰德说我们应该去洗澡时，[5] 他暗含了两个目标：享受生活并与自然保持和谐。我们可以把它改为享受生活，并保持理性与得体的社会行为（例如不与他人生气）。正如他所指出的那样，第一个目标不是由我们决定的，而是取决于环境和其他人。但第二个肯定是由我们来决定。

主题4 不准确的科学还是形而上学

古代斯多葛派的一些观念，在我们现代人看来都属于伪科学，其中最著名的是占卜。[6]例如，爱比克泰德在《手册》第18节和第32节中明确认为占卜理所当然。其实，这个观点并不像看起来那样牵强。斯多葛派认为，所有事件都是通过普遍的因果网络相互联系的，现代科学家也持有相同观点。从这一前提来看，有理由认为基于对宇宙现状的理性分析，应该能做到预测（即"占卜"）未来事件。现代物理学也遵循同样的逻辑，但有一个实质性的区别,即斯多葛派至少在某些时候,关注错误的(因为信息不足)因果联系,或者某些实际上缺乏依据的(就预测未来而言)因果联系,例如通过动物内脏预测未来。

对现代斯多葛派来说,我们应当找出古代斯多葛派所有站不住脚的形而上学(依据现代标准),要么抛弃它,要么利用最先进的科学将其更新,这样就不会丢失任何实质性的东西。当然,像我这样的现代斯多葛派以及科学家必须坦然承认,我们现有的知识,最终也将被更先进的知识所取代。斯多葛哲学的历史表明,认知还未到达终点,也许永远也不会到达。

主题 5　上帝还是原子

这也许是我对斯多葛哲学 1.0 提出的最彻底的

改变，它已经在斯多葛派学术界和公众中引起了争议。因此，我必须明确阐述我的建议和理由。

古代的斯多葛派是泛神论者；[7]也就是说，他们相信上帝存在于宇宙之中，与自然一致。第欧根尼·拉尔修写道：

> 上帝是一，是理性，是命运，是宙斯，他还被冠以许多其他名字……他们在三种意义上使用"宇宙"一词：（1）上帝本身……（2）他们把天体本身的有序排列称为宇宙；（3）指前两者的结合。[8]

这种观点认为，宇宙被单一的物质渗透，即普纽玛（*pneuma*，字面意思是气息），根据其"张力"有不同的表现形式。一切事物都具有低等级的普纽玛，包括无生命的物体；活的生物体具有中等的普纽玛；而最高等级即逻各斯（logos），只存在于具有理性的有机体中。后者只包括作为一个整体的宇宙（被设想为一个有知觉的生命有机体），当然还有人类（实际上是这个宇宙有机体的一部分）。

鉴于以上理解，斯多葛派得出了他们的概念"神"。爱比克泰德用一只脚踩进泥巴的比喻，[9]揭示出脚不喜欢被弄脏，但如果它意识到与一个生命体相连，而这个生命体必须穿过泥泞的街道才能回家，那么脚就会很乐意尽自己的一份力。以此类推，我们应该为发生在自己身上的所有事情感到高兴（不仅接受还要拥抱），因为这是为了宇宙的利益。

请注意，这与标准的基督教的上帝概念截然不同。在基督教中，上帝实际上关爱我们每个人，即使上帝的计划有时对我们来说神秘莫测。爱比克泰德以及其他斯多葛派提出，人就像身体上的某个器官（一只脚，甚至只是一个上皮细胞），它所做的一切，都是为了整个有机体的利益。器官没有选择的权利，有机体也不关心单个器官（或细胞）的命运。

斯多葛派的"神"的观念美丽且令人欣慰，但作为一个生活在21世纪的科学家，我无法接受这样的观点。我们无法相信知觉是宇宙的一种属性（除了宇宙包含有知觉的有机体——我们）；或者有任何类似于普纽玛这种渗透到物质内部的东西；或者宇宙的一切都是有生命的有机体。[10]

为什么斯多葛派会这样认为呢？从本质上讲，他们运用了哲学中所谓"智能设计"的论证，[11]正如爱比克泰德所述：

是谁给剑配了剑鞘，给剑鞘配了

剑？没有人这样做吗？根据这种成品的结构，我们当然推断这是某个工匠的作品，而不是随意乱做的。那么，我们是否可以说，所有产品中的每个部分都有对应的工匠，但可见的东西、视觉和光却除外？男人和女人，以及结合的愿望，和相应器官的能力——这些都没有对应的工匠吗？[12]

在爱比克泰德时代，他们理所当然地认为不应该没有对应的工匠。正如我在《哲学的指引》（*How to Be A Stoic*）的第6章中所解释的那样，大卫·休谟（1711～1776）和查尔斯·达尔文（1809～1882）给了智能设计论证理论双重致命攻击，导致这一论点在哲学和科学史上从此消失。

既然科学家持续不断推出新理论，为什么还要坚持遵守现代科学的说法呢？原因很简单，迄今为止，科学是我们研究周围世界的最好方法，事实上，几乎是唯一的。科学家当然也会犯错。他们因自己的意识形态而产生偏见，和其他人一样贪婪、自私（或慷慨、无私）。但是，当论及理解人类所处的现实时，我们的确没有比科学更好的途径。

理解现实曾经是所谓的第一哲学或是形而上学的首要目标。几个世纪以来，哲学家（在18世纪末之前，他们实际也是科学家）追求的目标是通过先验的、逻辑的论证，发现实证的真理。17世纪的勒内·笛卡儿（René Descartes，他有一句名言"我思故我在"）做了有关这方面的最后一次伟大尝试，最终失败了。我们今天所说的科学，几乎在同一时期诞生了——笛卡儿与伽利略是同时代人。

如今，形而上学学者分为两个阵营：一方仍然认为我们可以坚持第一哲学,另一方则信奉所谓的科学形而上学。[13] 我的观点是,最初的方法已经失败,被自然科学所取代。扪心自问,在过去的5个世纪里,形而上学学者有多少新发现?你肯定答不上来。然而,科学形而上学在哲学和科学中都起着至关重要的作用,因为它的目标是使"特殊"科学(如物理学、化学、生物学、地理质学、心理学等)提供的关于世界的零散知识具有整体意义。这项工作显然非常重要,但却不适合科学家,原因很简单,现代科学是高度专业化的,没有任何科学家可以拥有那么广博的知识。哲学家却可以,因为他们不必进行昂贵且高度具体的实证研究。

以上只是为了说明,我之所以拒绝斯多葛派的形而上学,支持现代科学,是有根据的,并不武断,也并非不尊重爱比克泰德这样的人,他们已尽力将当时所能了解到的知识运用到了极致。

关于形而上学和斯多葛哲学，我还想讨论两个关键的方面。首先，尽管我拒绝接受知觉宇宙的概念，但许多斯多葛派的形而上学仍然存在，我也认同这些幸存下来的部分是最重要的。斯多葛派是唯物主义者，认为世界是由物质构成的，没有超自然或非物质的实体。对他们来说，即使是上帝本身和人类的灵魂也是由物质构成的。这与现代科学观是一致的，现代物理学告诉我们，"物质"是宇宙最基本的组成部分（夸克、弦、场或某种东西）。正如我们所看到的，斯多葛派也认为，一切事物都是由普遍的因果网络联系在一起的，这也与自伽利略以来的科学实践相一致。

其次，尽管我认为对斯多葛派形而上学最合理的理解就是我刚才所概述的那一种，但这并不妨碍那些支持不同形而上学的人在一定程度上接受和实践斯多葛哲学。在这方面，斯多葛派哲学是相当普世的，它提供了一个广阔的空间，欢迎并接纳信奉各种意识形态、宗教的形而上学，甚至某种程度上，也接纳信奉政治承诺的。

以上两点至关重要，这是斯多葛派伦理学诸多成果的来源，其中最重要的可以说是控制二分法。请记住，《手册》以及我这本《手册2.0》的内容都开始于控制二分法。

和古代斯多葛派一样，现代斯多葛派很容易成为泛神论者。或者，他们可能像基督徒那样，把逻各斯解释为上帝的话语。每一种解释都有自己的一套内部矛盾关系，个人必须以自认为最有意义的方式去应对。并不是所有形而上学的立场都与斯多葛哲学相容，例如前面提到的吸引力法则，但有几种说法是相容的。从我的观点来看,这些立场绝不是唯一的。[14]

主题 6 习俗既不普遍,也并非永恒

爱比克泰德生活在 1 世纪到 2 世纪。他并不是无所不知,和你我一样,他是活在特定时空的人。他的哲学中最有价值的部分是关于人性的普遍观念,而非他所赞同或认为理所当然的具体观念。他只是一个局限在罗马帝国时期的公民。

正因为时间和地点的限制,我们需要重新思考爱比克泰德的一些例子,甚至一些具体的道德禁令。例如,他经常谈论奴隶制(他自己就是一个奴隶!),好像这种制度是正常生活的一部分。[15] 在罗马帝国时期,奴隶制确实是日常生活的一部分,事实上,甚至是整个帝国经济的基础。但毋庸置疑,

今天我们对此已有了全新的认识。再看一下，在他的假设中，父亲可以打自己的儿子，[16]但按照现代标准这是不可以的。最后，有一条禁令是说性关系应该是"纯洁的"，并仅限于婚姻和生育，[17]但对当今社会中不同性别和性取向的人来说，这是不必要的限制。

爱比克泰德提出了角色伦理，他认为，我们在社会中扮演着不同角色，如父亲、女儿、朋友、同事等，我们应按照角色的引导行事。很显然，他对这些角色的理解，限定在自己的时代和文化中。但在过去的两千年里，[18]人类取得了道德的进步，未来有希望继续进步。这也意味着对同一角色的理解和诠释也在不断变化。

然而，承认文化的进步，并不会改变爱比克泰德观点的实质——比如我们应该尊重父母，但是我们无法决定他们是谁,或者他们如何对待我们。今天我们坚信这并不意味着我们应该屈服于身心的虐待,即使是父母施加的。与最初相比,这一观点非常重要,因为,对于斯多葛派哲学基于当时的社会逻辑所创立的观点,我们应当存有合理的怀疑或困惑。比如,我在下面的主题"社会正义"中提到的女性主义问题,就是一个很好例子。

主题 7 社会正义

如今,"社会正义"一词颇具争议。因此,首先我要澄清它在本书中所表达的意思。古代斯多葛派在如何看待妇女和奴隶方面,明显走在了时代的前列。例如,公元 1 世纪,塞涅卡在写给朋友玛西娅的信中说,女性拥有与男性相同的分析能力,这意味着她们有能力学习和实践哲学。[19] 他明确指出,奴隶和其他人一样也是人，应该得到公平的待遇。[20] 甚至在公元前3世纪，斯多葛哲学的创始人芝诺[21]就给奴隶制贴上了罪恶的标签。至于种族主义，古希腊人和古罗马人与我们在当代所理解的概念截然不同。今天的种族主义根植于所谓的科学种族主义——在启蒙运动时期得以发展，在殖民主义时期野蛮盛行。对希腊人和罗马人来说，奴隶并非生来如此，他们以前是自由的个体，后来因战败而沦为奴隶。这种事情经常发生，而且确实多次发生在希腊人和罗马人身上。

不过，即使是浅读塞涅卡或爱比克泰德的作品，也会让现代的读者们感到不舒服，因为他们的作品中往往充斥着对女性的贬损评论，认为女性情感脆弱。正如现代学者详细论证的那样，[22] 在斯多葛主义中，没有任何因性别、种族或其他对人类的武断生物学分类而进行歧视的理由。恰恰相反，斯多葛派世界主义的基本概念意味着，任何歧视都应该被拒之门外，因为它们与斯多葛哲学不相容。因此，我改写了爱比克泰德的相关内容。

3.2

为什么我会以创新的方式
向新一代介绍爱比克泰德的智慧

我肯定不是第一个重写或更新《手册》的人，毫无疑问，也不会是最后一个。这可能听起来很奇怪，甚至有些冒昧，但正如我之前所述，生活哲学和宗教不是静态的实体，它们会随时间推移而逐渐演变。

举个例子，我在意大利长大，那里大部分人信奉罗马天主教，但没有人（包括所谓的原教旨主义者）认为，我们应该把《旧约》和《新约》作为社会规范，特别是道德规范，在过去两千年里这一点从未变过。这就是为什么罗马天主教除了会对某些误入歧途的灵魂大声宣告劝诫，没有所谓的文字圣经。如果我们能够合理解释和更新某些人阐释的上帝的话，那么，我们当然也可以对凡人爱比克泰德做同样的事情。毕竟，《手册》并不是一本圣书。

像塞涅卡一样，我认为芝诺、爱比克泰德、马可·奥勒留都是我的向导，而不是我的主人。从一开始，斯多葛哲学就以激烈的辩论为标志，不仅与对立的学派——伊壁鸠鲁学派、学园派、逍遥学派辩论，在学派内部也都是如此。我前面提到过，克里西普斯做出了重大创新，他与斯多葛派早期领袖芝诺和克利安提斯的观点截然不同。斯多葛派中期的代表巴内修和波赛东尼也探索了不同的方向，其中一些被其后连续几代人所接受，另一些则被拒绝。当然，一个人能修正某种思想或哲学体系的程度有限。也许，最著名的斯多葛派"异教徒"当属希俄斯的阿里斯通（Aristo of Chios），他在公元前260年（仅在斯多葛派创立40年后）左右盛极一时。他拒绝了标准的斯多葛派观念，即为了研究伦理学我们还需要了解逻辑和物理学，由此产生的哲学系统最终非常接近犬儒主义，阿里斯通最终彻底背离了斯多葛派。

后来，在文艺复兴时期，尤斯图斯·利普修斯（Justus Lipsius, 1547~1606）为了使斯多葛派与基督教共存，设法彻底更新了斯多葛派哲学。他以塞涅卡为起点，其作品影响了许多重要的早期现代人物，包括孟德斯鸠、弗朗西斯·培根、弗朗西斯科·德·克维多和彼得·保罗·鲁本斯。最终，所谓的新斯多葛哲学被教会列为异端而禁止，但基督教和斯多葛哲学都在继续改变以适应时代。

基督教和斯多葛哲学之间的关系，尤其是基督教和爱比克泰德之间的关系是复杂而有趣的。[1] 在 10 世纪、11 世纪、14 世纪和 17 世纪，为了培养基督教僧侣，至少产生了四个不同版本的《手册》。有的对原作的修改很小，比如用保罗（来自塔尔苏斯）代替苏格拉底。其他的版本则进行了大刀阔斧的修改，省略或扩展整个章节，并增加了新的章节。

1995 年，莎伦·勒贝尔（Sharon Lebelle）的作品《生活的艺术：关于美德、幸福和效率的经典手册》（*The Art of Living: The Classic Manual on Virtue, Happiness, and Effectiveness*），用现代语言来诠释《手册》，而没有概念上的更新，但它仍然证明在跨越千年后，爱比克泰德仍然影响着不同民族的文化。

自然，另一个问题随之而来：创新之后它还是斯多葛哲学吗？答案将取决于具体情况，当然不会尽如人意。当然，答案由你去考虑和决定。阿里斯通认为自己是斯多葛派，直到他意识到自己的学说已经偏离太远，无法保留这个名号。尽管我的《手册2.0》与爱比克泰德的《手册》有许多不同之处，但还是把我的哲学称为斯多葛哲学，因为它在很大程度上，仍然传承了芝诺创立的学派和他开创的信仰。

当然，最终标签并不重要。如果你认为在书中读到的我所提议的某一点不再是斯多葛哲学，那也没关系。说到底，真正的问题是：这种观点有用吗？

现在，我希望你已明白，为什么数年前，当我遇到爱比克泰德时，我会因从未听说过他而感到震惊，为什么我会爱上他的思想和人格，为什么我决定写一本书——既是向他致敬,也是以创新的方式向新一代介绍他的智慧。考虑到自他给阿里安授课以来,时间已经过去了两千年,所以我对有关内容进行了更新。我的理想是希望用自己的工作,让更多的后代受益于这位希拉波利斯的斯多葛派智者。

附录1
《手册》与《人生哲学指南》
概念差异对照表

这是原版《手册》与《人生哲学指南》每个单元的内容比较。没有列出的部分是因为我的版本类似于爱比克泰德版本，无须特别解释。表中的第一列是单元编号，第二列是对爱比克泰德观点的总结，第三列则综合了我的观点。最后一列是更改后相对应的主题。

单元	最初版本	新的版本	主题
1	没有对控制二分法做出解释。	增加对控制二分法的解释,拒绝可控和不可控的连续统一体的(现代)概念。	不必漠视外在
1	必须在进步与获得外在之间做出选择。	不必在进步和外在之间做出选择,只需感谢最初艰难的践行。	不必漠视外在
1	不可控事物的表象对我们毫无意义。	我们可能会对不可控的事物产生偏好表象,但不可影响自我价值。	不必漠视外在
2	要彻底摆脱外在,起码开始时要做到。	将你的目标从外部转移到内部,可以选择某种结果,只要能够平静接受相反的结果。	不必漠视外在
3	无论是杯子碎了,还是你所爱的人死了,都应该训练自己不要烦恼。	总的来说,你要为损失做好准备,但不要对同胞的损失麻木不仁;接受现实并不意味着漠不关心。	不必刻意培养对他人损失的漠不关心

183

单元	最初版本	新的版本	主题
4	无论做什么，你都要与宇宙和谐相处。	你要与他人、与自己和谐相处	顺应自然的生活
5	死亡不是坏事，否则苏格拉底不会主动走向死亡。	死亡并不是坏事，因为到来时，你已不在（伊壁鸠鲁的观点）。反对死亡的邪教、宗教或科技，都是非理性的。	不准确的科学还是形而上学
7	把上帝*比喻成"船长"。	不必祈求神灵，人生就是一次远航。	上帝还是原子
8	爱发生在你身上的一切（正如后来尼采所说的"命运之爱"）。	你的所爱都是天意施恩；平静接受任何发生的事情，顺境时欣喜，逆境时也要保持平静。	不必刻意培养对他人损失的漠不关心
11	谈到给予和收回。	如果将人生比作"客栈"，根本不存在给予者。	上帝还是原子

* 该表中的"上帝"不等于基督教等宗教的上帝，参见3.1中的"主题5 上帝还是原子"。

单元	最初版本	新的版本	主题
12	讨论奴隶制。	不考虑奴隶制这一概念。	习俗既不普遍,也并非永恒
13	要么追求外在,要么追求进步。	你可以追求外在,但需要训练自己,不要把外在放在第一。	不必漠视外在
14	讨论奴隶制。	不考虑奴隶制这一概念。	习俗既不普遍,也并非永恒
15	你应该完全鄙视外在,不要适度接受外在,这才是最理想的做法。	不需要鄙视,这是犬儒主义的作风,而不是斯多葛派。	不必漠视外在
16	要同情别人的遭遇,但记住不可在内心悲伤哭泣。	培养平静对待自己或他人的逆境。	不必刻意培养对他人损失的漠不关心

单元	最初版本	新的版本	主题
17	把上帝比喻成人生大戏的"剧作家"。	剧作家完全没有必要。关于生活更好的比喻就是玩扑克牌。	上帝还是原子
18	不必在意征兆，因为它们只能影响外在。	总的来说，不要迷信，因为它源于对世界运转的荒谬理解。	不准确的科学还是形而上学
23	要么求助于外在，要么求助于哲学。	外在有价值，但不是你的主要目标。	不必漠视外在
26	假如你的孩子死了，那并不是灾难。	失去所爱的人是痛苦的，但你应该记住，这是自然的，这也发生在别人身上，对此应该培养自己平静接受。	不必刻意培养对他人损失的漠不关心
	讨论奴隶制。	不考虑奴隶制这一概念。	习俗既不普遍，也并非永恒

单元	最初版本	新的版本	主题
29	要么成为哲学家，要么追求外在。	你不会在生活中得到你想要的一切，你的首要任务是培养自己的品质。	不必漠视外在
	讨论奴隶制。	不考虑奴隶制这一概念。	习俗既不普遍，也并非永恒
30	服从你的父亲，即使他打你或虐待你。	应该尊重父母，而不是顺从。	习俗既不普遍，也并非永恒
31	提到诸神与虔诚。	提到宇宙的因果网络，对神的怀疑。	上帝还是原子
32	提到占卜。	拒绝任何形式的迷信。	不准确的科学还是形而上学

单元	最初版本	新的版本	主题
33	讨论奴隶制。	不考虑奴隶制这一概念。	习俗既不普遍,也并非永恒
	保持性关系的纯洁。	相比于爱比克泰德的时代,我们承认性关系更加多样、不稳定,更加复杂。	
40	尽管在当时不是很典型,但存在一定程度的性别主义(歧视女性,男性至上)。	没有性别主义,或对任何性别或种族的歧视。	社会正义/习俗既不普遍,也并非不永恒
48	上进的人放弃了每一个欲望。	上进的人可以分辨出有益于他们的欲望。	不必漠视外在
50	斯多葛派的戒律如同自然法则。	据我们所知,没有道德法则,没有律法的制定者,没有宇宙永恒的本质,只有人类的智慧和经验。	上帝还是原子

单元	最初版本	新的版本	主题
53	谈到神性,提到克利安提斯著名的《宙斯赞歌》。	没有神或祈祷,只有古老的爱比克泰德式常识。	上帝还是原子

附录2
爱比克泰德以及古今斯多葛哲学论著书目

古代斯多葛哲学的书籍浩如烟海，很难找到合适的作品阅读。以下我列出了自己最爱的相关书籍以及注解清单，特别是一些在我看来对普通读者最有用的书。这里也收录了一些我自己认为最好的爱比克泰德译本。为了补充这些阅读资料，我增加了一些最有用的现代斯多葛哲学书籍。我的两本书也列在其中，在此请允许我为自己的狂妄自大致歉。书单按照作者姓氏首字母，顺序排列。

劳伦斯·贝克尔（Lawrence Becker），《新斯多葛哲学》（*A New Stoicism*），普林斯顿大学出版社，2017年。到目前为止，它是我书单上最难懂的一本书。这本书是迄今唯一的一次全面尝试，为21世纪勾勒出清晰易懂的斯多葛哲学。

利兹·格洛因（Liz Gloyn），《塞涅卡的家庭伦理》（*The Ethics of Family in Seneca*），剑桥大学出版社，2017年。这本书对塞涅卡的著作进行了创新比较分析，重点阐述了一个新的概念：家庭是开始学习德行生活的基本单位。

玛格丽特·格雷弗（Margaret Graver），《斯多葛哲学与情感》（*Stoicism and Emotion*），芝加哥大学出版社，2009年。对经常被误解的斯多葛派对情感的观点为进行了广泛探讨，这本书比这里的大多数书都要难一些。

皮埃尔·阿多（Pierre Hadot），《内在城堡：马可·奥勒留的沉思录》（*The Inner Citadel: The Meditations of Marcus Aurelius*），哈佛大学出版社，2001年。此书读起来有些困难，但深入探讨了马可·奥勒留的哲学，阐述了爱比克泰德对马可·奥勒留的巨大影响。这本书是为现代斯多葛哲学带来复兴的早期文献之一。

罗宾·哈德（Robin Hard）译，《论说集　片段集　手册》（*Discourses, Fragments, Handbook*），牛津大学出版社，2014年。在我看来这是《爱比克泰德全集》（*Complete Works of Epictetus*）最好的现代译本，附有详细的注释。

罗宾·哈德，《马可·奥勒留沉思录：通信选集》（*Marcus Aurelius Meditations: with Selected Correspondence*），牛津大学出版社，2011年。这本

书对哲学家皇帝的经典著作做了最准确、最具可读性的现代翻译。流行的海耶斯版本虽然优美且鼓舞人心，但它对原文本有部分自由解读，所以如果想在斯多葛派哲学的背景下理解马可·奥勒留，我会选择避开海耶斯版本。罗宾·哈德的书肯定是最佳选择。

威廉·欧文（William Irvine），《像哲学家一样生活》(*A Guide to the Good Life: The Ancient Art of Stoic Joy*)，牛津大学出版社，2008 年。（中文版由青豆书坊于 2018 年引进，上海社会科学出版社出版。）此书对斯多葛哲学进行了生动而实用的介绍，包括对斯多葛心理学技巧的精彩讨论。然而，要注意作者的折中主义倾向（混合不同的人生哲学），同时要对他将爱比克泰德的控制二分法，转变为三分法保留怀疑态度。

威廉·欧文,《斯多葛派的挑战:哲学家如何变得更坚强、更冷静、更坚韧》(*The Stoic Challenge: A Philosopher's Guide to Becoming Tougher, Calmer, and More Resilience*),W.W.诺顿公司,2019年。此书借鉴了现代心理学研究的"框架效应",主要关注斯多葛派一个基本的"技巧"。尽管看上去有悖常理,但这要取决于你如何看待困境和挫折,同时这个决定也能帮助你更有效地应对逆境。

布莱恩·约翰逊(Brian Johnson),《爱比克泰德的角色伦理学:日常生活中的斯多葛哲学》(*The Role Ethics of Epictetus: Stoicism in Ordinary Life*),列克星敦图书公司,2016年。此书对爱比克泰德的角色伦理学做了最全面、最通俗易懂的论述,指出我们在生活中同时扮演三种角色:人类世界的一员、我们选择的多重角色(例如父亲、朋友、同事)以及环境赋予我们的多重角色（例如儿子、土生土长的某国人，某种族或性别的成员）。

安东尼·朗（Anthony Long），《爱比克泰德：斯多葛派和苏格拉底式的生活指南》(*Epictetus: A Stoic and Socratic Guide to Life*)，克拉伦登出版社，2002年，朗是爱比克泰德最重要的学者（兼译者）之一。他在此书中全面介绍了爱比克泰德的哲学，以及苏格拉底对他的影响。包括对斯多葛派"神学"与伦理学关系的有趣讨论。

马西莫·匹格里奇，《哲学的指引》(*How to Be a Stoic: Using Ancient Philosophy to Live a Modern Life*)，基础书局，2017年。（中文版新版由北京联合出版公司于2023年出版。）这是一本非常个性化的斯多葛哲学入门书，围绕着一系列与爱比克泰德的简短虚拟对话和个人轶事展开。此书涵盖了广泛的主题，包括学习榜样，如何处理残疾和精神疾病，如何管理愤怒、焦虑和孤独。

马西莫·匹格里奇和格雷戈里·洛佩兹（Gregory Lopez），《现代斯多葛派手册：如何在你不可控的世界中成长——52周课程》(*A Handbook for New Stoics: How to Thrive in a World Out of Your Control—52 Weeks-by-Week Lessons*)，实验出版社，2019年。这是一本非常实用的斯多葛派生活哲学指南。我和朋友格雷戈里共同设计了52个练习，这些练习取材于斯多葛派的原始资料，并根据爱比克泰德的三个原则进行组织，可以随机抽取这些练习，检验斯多葛哲学是否真的会在你的生活中有用。

唐纳德·罗伯逊（Donald Robertson），《斯多葛哲学与幸福的艺术：日常生活的实用智慧》(*Stoicism and the Art of Happiness: Practical Wisdom for Everyday Life*），自学出版社出版，2018 年。本书为斯多葛哲学与认知行为疗法之间的深层联系做出了清晰易懂的阐述，并为斯多葛哲学的日常应用提供了诸多实用建议。

唐纳德·罗伯逊，《像罗马皇帝一样思考》（*How to Think Like a Roman Emperor*），圣马丁出版社，2019 年。（中文版于 2023 年由中央编译出版社出版。）本书将马可·奥勒留的哲学传记与斯多葛哲学实践认知行为疗法生动有趣地结合起来。你会从这位哲学家皇帝的生活中学到许多宝贵经验。

约翰·塞拉斯（John Sellars），《生活的艺术：斯多葛派的本质和哲学的功能》（*The Art of Living: The Stoics on the Nature and Function of Philosophy*），布卢姆斯伯里学院出版社，2013 年。本书深入论述了哲学的"生活的艺术"，以及斯多葛派如何实现这一理念。塞拉斯在这本书中还提出,《手册》的大部分章节都是根据爱比克泰德的三个原则来组织的,我在《手册2.0》中也是如此。请注意:为了准确起见,塞拉斯经常使用希腊语词汇。相信你会渐渐适应!

约翰·塞拉斯,《斯多葛哲学》(*Stoicism*),劳特利奇出版社,2014年。这本书简明介绍了斯多葛体系,精彩论述了斯多葛伦理学、物理学和逻辑学。

威廉·斯蒂芬斯(William Stephens),《马可·奥勒留:指引迷茫的人》(*Marcus Aurelius: A Guide for the Confused*),统一国际出版公司,2011年。这本书将时间拉回马可·奥勒留的时代,详细介绍这位哲学家皇帝,并清楚阐述了他的哲学。这是《沉思录》的最佳共读书籍。

伊丽莎白·阿斯米斯(Elizabeth Asmis)、沙迪·巴奇(Shadi Bartsch)和玛莎·C. 努斯鲍姆

（Martha C. Nussbaum）编辑,《卢修斯·安内乌斯·塞涅卡全集》(*The Complete Works of Lucius Annaeus Seneca*),芝加哥大学出版社,2010～2017年,共7卷。芝加哥大学出版社付出了巨大的努力,推出了塞涅卡所有书籍的全新译本。这部书包括《悲剧》《愤怒与仁慈》《艰难与幸福》《如何处理利益》《自然哲学》,当然还有《给鲁基里乌斯的124封信》。

致 谢

在此，我要真诚感谢众多的同事和朋友，他们向我介绍了斯多葛哲学，并教会了我这一奇妙哲学的真谛和实质，特别是拉里·贝克尔（Larry Becker，悼念）、比尔·欧文、格雷戈里·洛佩兹（Gregory Lopez）、唐纳德·罗伯逊和约翰·塞拉斯。感谢我出色的经纪人泰西·塔吉（Tisse Takagi），感谢我耐心的编辑 T. J. 凯莱赫（T. J. Kelleher），以及文字编辑丽莎·里尔登（Lisa Reardon），因为他们的支持，这项充满爱的劳动成果才得以为世人所见。特别感谢我的妻子珍妮弗，她一直是我最热情的支持者，也是一位细心的手稿编辑，她的努力让这部作品最终有了明显的改善。

注 释

1.1 爱比克泰德与我

1. 我报名参加了"斯多葛派周"活动,这是一个由现代斯多葛主义网站(modernstoicism.com)组织发起的斯多葛哲学年度实践活动。我在 2017 年出版的《哲学的指引》(*How to Be a Stoic*, Basic Books)一书中讲述了整个故事。

2.《爱比克泰德论说集》第 1 卷,第 1 章,32。

3. 奥利金,《驳塞尔修斯》,第 7 卷,第 53 节。

4.《爱比克泰德论说集》第 2 卷,第 12 章,24 ~ 25。

5. 爱比克泰德死后，发生了一个有趣且富有启发性的故事。为了引出这个趣闻，我先引用《爱比克泰德论说集》（第1卷，第29章，21）的一段话，当爱比克泰德心爱的夜灯被盗之后，他向学生们讲述了自己的应对方式：

> 我丢灯的原因是：小偷比我更善于保持清醒。但他必须为此付出代价：为了这盏灯，他成了小偷，也失去了被信任的能力，甚至他成了野兽。他自还以为得了便宜。

鉴于此，我想到了萨莫萨塔的卢奇安（Lucian of Samosata, 125～180）在他《致一位不识字的书迷的话》一书中这段有趣的文字（全文见www.

gutenberg.org/cache/epub/6829/pg6829-images.html）：

> 我们的时代有这样的例子：我相信，那个花了3000德拉克马买了斯多葛派爱比克泰德的陶灯的人，他一定还活着。我想他认为只要在那盏灯的光里读书，在梦中，爱比克泰德就会将智慧传播给他，他坚信自己也会像那位可敬的圣人一样。

我必须透露几年前我花750美元买了一盏公元2世纪的罗马陶灯。我知道它不是爱比克泰德的陶灯，也不认为它会让我变得更智慧。

6. "我们知道如何分析论点，并且有能力去评估那些优秀的逻辑学家。可是，如果我面对的是生活,我应该怎么做呢?有的东西,有时我会认为它善,有时我会认为它恶,为什么呢?因为这跟三段论的情况正好相反,面对生活,我既无知识又无经验。"(《爱比克泰德论说集》第2卷,第3章,4~5)。这就是为什么道德伦理学哲学教授并不比普通的学者更有道德;参见:埃里克·施维茨格贝尔(Eric Schwitzgebel)和约书亚·鲁斯特(Joshua Rust),《伦理学教授的道德行为:自我报告的行为、表达的规范态度和直接观察到的行为之间的关系》("The Moral Behavior of Ethics Professors: Relationships Among Self-Reported Behavior, Expressed Normative Attitude, and Directly Observed Behavior"),《哲学心理学》(*Philosophical Psychology*),2014年第3期,第293~327页。

7. 罗宾·哈德（Robin Hard）译，《论说集 片段集 手册》(*Discourses, Fragments, Handbook*)，牛津世界经典系列，2014年。

1.3 斯多葛哲学入门

1. 第欧根尼·拉尔修，《名哲言行录》(*Lives and Opinions of the Eminent Philosophers*) 第7卷，第1章，2~3。
2. 马西莫·匹格里奇（Massimo Pigliucci）和格雷戈里·洛佩兹（Gregory Lopez）合著的《现代斯多葛派手册：如何在你不可控的世界中成长——52周课程》(*A Handbook for New Stoics: How to Thrive in a World Out of Your Control—52 Weeks-by-Week Lessons*) 中，详细列出了52种斯多葛派的

做法，以及如何在生活中践行。

1.4 爱比克泰德哲学入门

1. 第欧根尼·拉尔修，《名哲言行录》第7卷，第7章，183。

2. 在皮埃尔·阿多的《内在城堡：马可·奥勒留的沉思录》(*The Inner Citadel: The Meditations of Marcus Aurelius*) 中，特别是第5～8章中，可以找到关于控制二分法和三个原则的详细讨论。

3. 参见：塞涅卡，《道德书简》，第9封信（13）；第36封信（6）；第51封信（9）；第59封信（18）；第66封信（22、34、50）；第74封信（1、19）；第76封信（21、32）；第82封信（5）；第85封信（40）；第92封信（24）；第98封信

的全部；第 118 封信（4）；第 119 封信（11）。

4. 西塞罗，《论至善和至恶》（*De Finibus Bonorum et Malorum*），第 3 卷，第 6 节。

5. 威廉·欧文（William Irvine），《像哲学家一样生活》（*A Guide to the Good Life: The Ancient Art of Stoic Joy*），牛津大学出版社，2008 年。

6. 理查德·莱亚德（Richard Layard）的《幸福的社会》（*Happiness: Lessons from a New Science*），书中总结了幸福的原因，提出了时代发展影响幸福甚少的证据。事实证明，斯多葛派坚信幸福来自内心，而几乎与外在无关，他们的观点是有一定道理的。

7. 万物都在变化，宇宙中没有永恒的物体，这一概念是斯多葛派形而上学的重要组成部分，源自苏格拉底之前的哲学家赫拉克利特（Heraclitus），他有一句名言:"万物皆变。"例如,我们永远不会两次踏入同一条河流,因为河流是动态的实体,永远不会相同。当然,我们也是。

8.《爱比克泰德论说集》第 3 卷,第 10 章。

3.1 斯多葛哲学的更新

1. 塞涅卡,《道德书简》,第 33 封信(11)。

2. 第欧根尼·拉尔修,《名哲言行录》,第 7 卷,第 1 章,39 ~ 40。

3. 第欧根尼·拉尔修,《名哲言行录》,第 7 卷,第 1 章,87 ~ 88。

4. 参见:劳伦斯·贝克尔(Lawrence Becker),《新斯多葛哲学》(*A New Stoicism*)第 5 章,普林斯顿大学出版社,2017 年。

5.《手册》4。

6. 参见：彼得·T.斯特鲁克（Peter T. Struck），《占卜与人性：古典时期直觉的认知史》（*Divination and Human Nature: A Cognitive History of Intuition in Classical Antiquity*），普林斯顿大学出版社，2018年。

7. 参见：布拉德·英伍德（Brad Inwood）编辑的《剑桥廊下派指南》（*The Cambridge Companion to the Stoics*），剑桥大学出版社，2003年。特别是第6章"斯多葛神学"［凯姆佩·阿尔格（Keimpe Algra）著］和第15章"哲学传统中的斯多葛哲学：斯宾诺莎、利普修斯、巴特勒"［安东尼·A.朗（Anthony A.Long）著］。

8. 第欧根尼·拉尔修，《名哲言行录》，第7卷，第1章，135~138。

9. 《爱比克泰德论说集》第 2 卷，第 6 章，9～10。

10. 某些现代哲学家重新提出一个类似的想法，被称为泛灵论。它实际上来自所谓科学不可能解决意识问题的观点。他们认为，如果意识是"基本的"，即物质的基本属性，那么理解意识就不成问题。我在这里解释了为什么意识是一个突出的科学问题：https://aeon.co/essays/consciousness-is-neither-a-spooky-mystery-nor-an-illusory-belief。感兴趣的读者可以查找我与菲利普·戈夫（Philip Goff）关于泛灵论的讨论，他是该观点最著名的支持者。

11. 斯多葛派有许多额外的论据来支持他们的神学，但迄今为止没有一个强有力的论据。西塞罗在《论神性》（*De Natura Deorum*）第 2 卷中描述了神的本性。

12.《爱比克泰德论说集》第1卷，第6章，6~9。

13. 大卫·查默斯（David Chalmers）、大卫·曼利（David Manley）和瑞安·瓦塞尔曼（Ryan Wassermann），《形而上学：关于本体论基础的新论文》（*Metametaphysics: New Essays on the Foundations of Ontology*），牛津大学出版社，2009年。这本书是介绍当代第一哲学形而上学观点的典范。同时，还有另外一本好书，我个人非常喜欢：唐·罗斯（Don Ross）、詹姆斯·拉迪曼（James Ladyman）和哈罗德·金凯德（Harold Kincaid）主编，《科学形而上学》（*Scientific Metaphysics*），牛津大学出版社，2015年。

14. 我也提到了政治承诺问题，所以让我简要扩展一下：我不认为斯多葛哲学意味着某种特定的政治观，例如，一种进步自由主义的政治观。一个人可以是斯多葛哲学的真正实践者，但同时又可以信奉任何一种政治意识形态或立场，包括自由主义（这是美国人的说法，在欧洲则被称为古典自由主义）和保守主义。然而，正如在书中讨论的形而上学情况一样，这个观点也有一定的边界：我根本无法想象一名斯多葛派同时是善良的法西斯主义者。

15.《手册》12、14、26和29。

16.《手册》30。

17.《手册》33。

18. 写给对哲学好奇的读者：当我说人类已经取得了道德进步时，并不意味着赞同任何形而上学观点里强烈的"进步"意识。例如，我不相信道德真理"在那里"等待被发现，也不相信它们以一种独立于思想的方式而存在。（也就是说，我不是哲学家所说的道德现实主义者。）我认为道德是人类的发明。但我也认为，它受到人性经验主义事实的制约，特别是关于人类想要什么、为什么想要、如何才能过上富足的生活等事实。

打个比方，想想飞机设计的演变（不断进步）：飞机是人类的发明，它不会脱离人类而存在，但它的设计和能力受物理定律的限制。我们对人性发现的经验越多，在哲学上就能越多地反思过有价值的生活这一观念，就越有可能取得"进步"。我认为，这个立场完全符合斯多葛派的方法，也是他们坚持的基础，即为了过一种幸福的生活（伦理学），我们需要正确的推理（逻辑学），并了解世界是如何运转的（物理学）。

19. 塞涅卡，《致玛西娅的告慰书》（*To Marcia*）。
20. 塞涅卡，《道德书简》第 47 封信。

21. "他们宣称只有圣人才是自由的,而奴隶不是,自由是独立行动的力量,奴隶被剥夺了独立行动;虽然确实还有第二种形式的奴隶制,即从属地位,以及第三种形式的奴隶制,即占有奴隶及其从属地位。与这种奴役相关联的是领主地位,这也是邪恶的。"(第欧根尼·拉尔修,《名哲言行录》第 7 卷,第 1 章,121 ~ 122)

22. 艾米莉·麦吉尔(Emily McGill)和斯科特·艾金(Scott Aikin),《斯多葛哲学、女性主义和自治》("Stoicism, Feminism, and Autonomy"),《专题讨论会》(*Symposion*),2014 年第 1 期,第 9 ~ 24 页。

3.2 为什么我会以创新的方式向新一代介绍爱比克泰德的智慧

1. 参见:约翰·塞拉斯(John Sellars)编辑的《斯多葛派传统手册》(*The Routledge Handbook of the Stoic Tradition*),劳特利奇出版社,2016年。

译后记

人的一生之中，有太多事情会让我们陷入焦虑，也许应该问问玄学大师，德高望重的长者，无所不知的人工智能？但学富五车的学者、老师都有自己的看法，如关于学业钻研方向，选择朋友方法，职场竞争手段。意见繁杂，我们怎么找到历经时间检验的人生问题的终极答案？或许我们的生活需要一些指引。

经历一段困难的生活际遇后，我在心情低落的日子遇见了爱比克泰德。而这本书的作者马西莫·匹格里奇也是在同样的情境下认识了这位来自古罗马的哲学家,从此专注于发扬斯多葛哲学。我后来凭着热情和与作者相似的经历翻译了这本书。匹格里奇对爱比克泰德的《手册》进行重新阐述,以使这本跨越近两千年的著作更适应我们当下的生活。爱比克泰德的《手册》也是在回应苏格拉底"人到底该怎样生活"的提问,它以平实淳朴、饱含真理的话语打动了我,让我更能理解在当下人生的幸福到底意味着什么。

约公元 55 年,爱比克泰德出生于希拉波利斯,这个热爱哲学的奴隶,经历无数的摧残,却没有改变追求自由的意志,他最终通过哲学解救了自己。爱比克泰德不断告诉自己的学生,人要在各种命运处境下保持自己的真品格,要自尊,自制,进行自我斗争,要像一个运动员一样,做好自己的一切准备，避免鲁莽地使得自己陷入不能正确回应的境地。他是这样说的:"不要廉价地出卖你的灵魂。"无论在任何情况下，都要保持独立的思考，保持理性的态度。

在古罗马作品中，爱比克泰德是宣扬自由最多的哲人，自由这个字眼在他的《论说集》中出现了160次。在他看来，真正的自由是一种美德，而非反抗或坚持己见，是朴实地为家庭和社会服务，而非操纵自然或控制人类。名望、财富、权势这些为众人所仰慕所追逐的，不过是昙花一现的东西，这些都与真正的幸福无关。最重要的是你正在成长为什么样的人，你正在过着什么样的生活。

为了指引人们过上美好人生，爱比克泰德开出了如下处方:控制你的欲望，履行你的义务，认清你自己及你的人际关系。他为身处不同境况的人们勾勒出一条通往宁静、满足与幸福的道路，即便跨越两千年，也指引着我们安顿自己的心灵，理性地面对生活中的一切问题。

爱比克泰德对自由和本体论的说明和论证，正确运用表象的认知，以及实践三原则的阐述，让斯多葛哲学达到了新的高度，也因此被称为斯多葛哲学的集大成者。

爱比克泰德的《手册》，深深影响了罗马皇帝马可·奥勒留（Marcus Aurelius）。历史上更有无数名人受益于他的深刻见解。《手册》始于"控制二分法"，提出："有些事情在我们的权能之内，而有些则不在。"斯多葛哲学的实践训练，就是要让我们拥有分辨二者的智慧。

实际上，我们大多数人的困惑都是关于人与人、人与自我、人与世界的关系问题。处理好我们和世界以及自我的关系，这是解决现实问题的关键，而这正是斯多葛哲学所擅长的。

斯多葛哲学是真正在研究作为人我们该如何好好生活的哲学流派。区分可控和不可控，区分什么是善和恶；融入自然秩序、社会秩序、自我内心。斯多葛哲学包容性极强，它鼓励人际交流，相互合作，即便有认知上的不同，也不妨碍人们为了社会完善而相互理解，尊重和支持彼此。塞涅卡在《论愤怒》中说："所有人都是为有伙伴关系的生活而生，整个社会自由通过各部分的相互保护和爱，才能保持健康。"

翻译这本书时，我总是会想起北京大学哲学教授杨适先生说的话："当我们读到爱比克泰德的话语的时候，会自然想到孔子、苏格拉底、耶稣和佛陀，想到我们所见过的各色老师和学生，反思我们自己。

世界上号称哲学家和老师的不算少，当学生的更是不计其数，谁能够懂得其中的真滋味，按照这些做人的真理去切实实践？"

阅读这本可以随身携带的小书，翻看其中你感兴趣的章节，你便能够体会到斯多葛哲学的精妙结构，以及普世的真理性。希望它能够伴随你，启发你，跟随爱比克泰德的脚步，重新审视生活的目标和准则，最终从你所经历的困顿中走出来。或许在之后的某一天，你会发出如我一样的感慨：这个哲学家救了我，让我从无望的野心和欲望中脱离出来。

向朝明

2024 年 8 月

青豆读享 阅读服务

帮你读好一本书

《这个哲学家救了我》阅读服务：

- 全本畅听　　14集配套朗读音频，随时随地畅听全书。
- 背景故事　　看爱比克泰德如何从奴隶成长为哲学家，了解他的人生才更懂他的思想。
- 漫画演绎　　漫画版斯多葛哲学简史，轻松了解斯多葛哲学的来龙去脉。
- 配套练习　　两个简单的斯多葛哲学实践训练，带你把书用起来。
- 延伸阅读　　12个趣味哲学小故事，帮你理解爱比克泰德的大智慧。

每一本书，都是一个小宇宙。

扫码使用配套阅读服务

图书在版编目（CIP）数据

这个哲学家救了我：爱比克泰德的人生哲学 /（意）马西莫·匹格里奇(Massimo Pigliucci) 著；向朝明译. -- 上海：上海社会科学院出版社, 2024. -- ISBN 978-7-5520-4470-6

Ⅰ. B821

中国国家版本馆 CIP 数据核字第 20242N8L50 号

A FIELD GUIDE TO A HAPPY LIFE: 53 BRIEF LESSONS FOR LIVING by MASSIMO PIGLIUCCI Copyright © 2020 BY MASSIMO PIGLIUCCI This edition arranged with Louisa Pritchard Associates & The Curious Minds Agency GmbH through BIG APPLE AGENCY, LABUAN, MALAYSIA.
Simplified Chinese edition copyright:
2024 Beijing Green Beans Book Co., Ltd.
All rights reserved.

上海市版权局著作权合同登记号：图字 09-2024-0506 号

这个哲学家救了我——爱比克泰德的人生哲学

著　　者：	［意］马西莫·匹格里奇（Massimo Pigliucci）
译　　者：	向朝明
责任编辑：	赵秋蕙
特约编辑：	贺　天
装帧设计：	刘　哲
出版发行：	上海社会科学院出版社
	上海市顺昌路622号　　邮编 200025
	电话总机021-63315947　销售热线021-53063735
	https://cbs.sass.org.cn　E-mail: sassp@sassp.cn
印　　刷：	北京联兴盛业印刷股份有限公司
开　　本：	710毫米×1000毫米　1/32
印　　张：	7.5
字　　数：	76千
版　　次：	2024年9月第1版　　　2024年9月第1次印刷

ISBN 978-7-5520-4470-6/B·535　　　　　　　　定价：49.80元

版权所有　翻印必究